新文京開發出版股份有限公司
NEW WCDP
新世紀・新視野・新文京 — 精選教科書・考試用書・專業參考書

NEW
WCDP

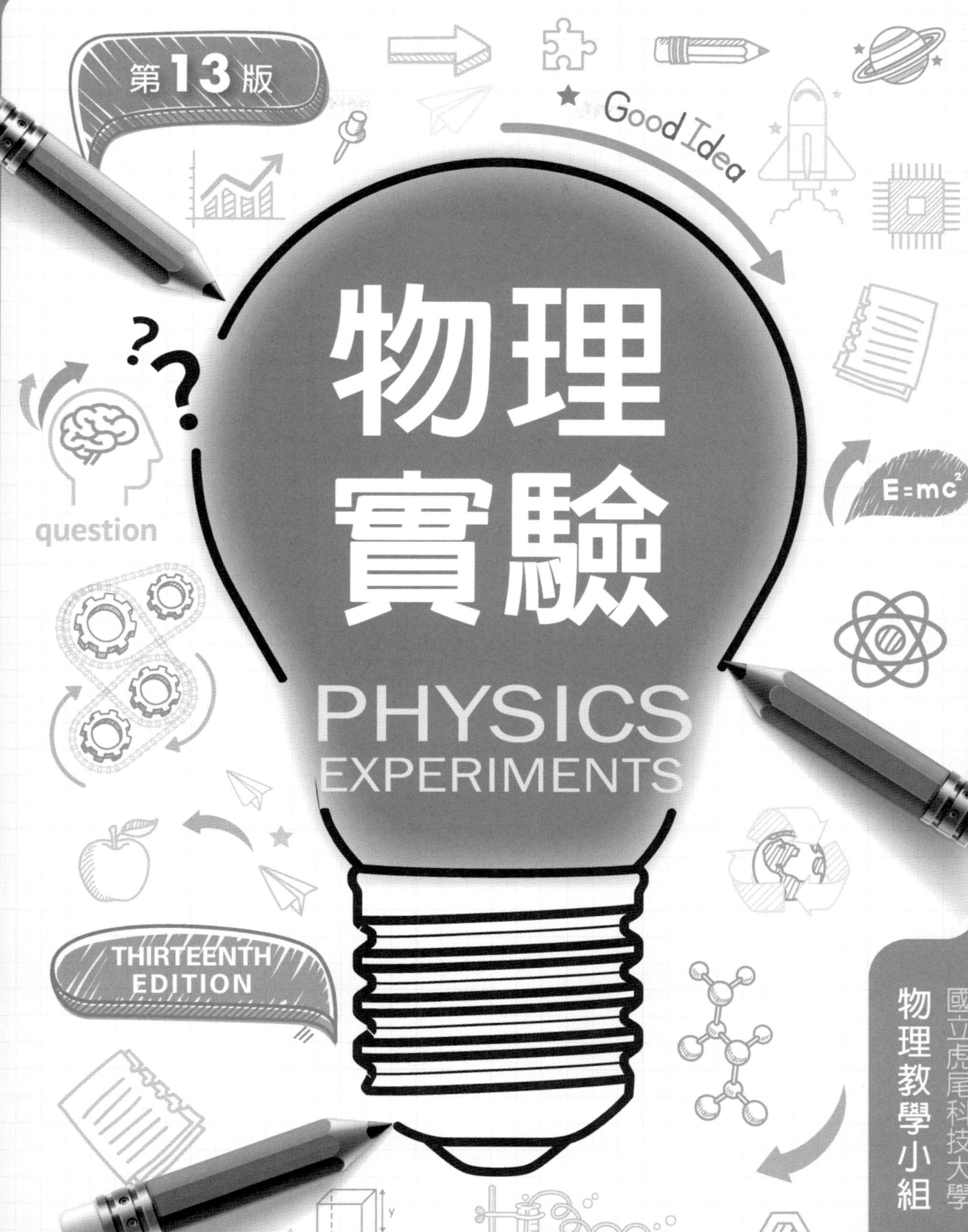

國立虎尾科技大學
物理教學小組
編著

目錄 CONTENTS

- 物理實驗課基本資料
- 物理實驗室安全與衛生管理規則
- 物理實驗室管理規則
- 物理實驗報告撰寫須知
- 物理實驗報告

實驗 01 游標測徑器與螺旋測微器的使用 1
實驗 02 剛體靜平衡實驗 9
實驗 03 牛頓第二運動定律 17
實驗 04 自由落體運動 23
實驗 05 向心力實驗 29
實驗 06 斜面加速度運動 39
實驗 07 碰撞實驗 45
實驗 08 轉動慣量測定與角動量守恆 51
實驗 09 楊氏係數測定（彎曲式） 59
實驗 10 簡諧運動 73
實驗 11 表面張力測定實驗 79
實驗 12 氣柱共鳴 87
實驗 13 熱電動勢 91

CONTENTS

實驗 14 三用電表的使用 95
實驗 15 等電位線及電力線分布 105
實驗 16 電阻定律實驗 111
實驗 17 克希荷夫定律 117
實驗 18 電位測定實驗 123
實驗 19 地磁測定實驗 129
實驗 20 亥姆霍茲線圈磁場測定 135
實驗 21 感應電動勢測定實驗 143
實驗 22 法拉第感應定律 151
實驗 23 光線的軌跡 161
實驗 24 光的干涉 175
實驗 25 光的反射、折射與偏振 181
實驗 26 光的繞射 189

附錄一 統計分析 195
附錄二 數位型三用電表使用說明 197
附錄三 GLX 使用說明 200
附錄四 光電計時器使用說明 210
附錄五 智慧型計時器使用說明 215
附錄六 示波器的操作說明 219

物理實驗課基本資料

1. 上課地點：

2. 授課教師：________________，　　電話：__________________________

   研　究　室：________________，　　Office hours：__________________

3. 助　　教：________________，　　電話：__________________________

4. 學校網路教學網：____

5. 實驗室注意事項：請參考本書物理實驗室管理規則。

6. 如何寫實驗報告：請參考本書物理實驗報告撰寫須知。

物理實驗室安全與衛生管理規則

一、實驗室方面

1. 應保持實驗室通風良好、光線充足，以確保使用人員生理健康。
2. 隨時保持實驗室整潔，實驗完畢後使用人員應清除垃圾，以維持實驗室衛生。
3. 發現地面濕滑時，應立即以拖把或抹布等清理，以免使用人員滑倒發生危險。
4. 電源延長線或連接線不要半懸於通道上，以免使用人員通行時絆倒發生危險。
5. 實驗完畢後應將儀器、電源延長線及連接線等整理妥當，不可任意棄置。
6. 應備有滅火器、急救箱等以供急需之用。

二、使用人員方面

1. 應穿著合身衣服，因為穿著太寬鬆的衣服易勾住儀器或受儀器絆住發生危險，不可赤腳。
2. 不可在實驗室內吃零食、喝飲料，以維持實驗室之衛生。
3. 避免不必要的叫喊或吹口哨以及遊戲而分散其他人員的注意力。
4. 當別人操作儀器時切勿與其交談，以免分散其注意力。
5. 自己操作或他人操作時不要依靠在儀器上。
6. 操作儀器不慎受傷應立即通知教師或指導人員，並作治療。

三、儀器設備方面

1. 除非獲得教師或指導人員的許可或其監督下才可操作儀器，否則不可任意操作。
2. 儀器啟用後若有安全問題或漏電情形，應立即停止操作或關掉電源開關，並通知教師或指導人員，以便維修保養。
3. 儀器之裝置未穩固前，不要進行操作。

4. 操作儀器所需安全及護身設備，應隨時了解與使用。
5. 對儀器操作之要求應充分了解，若有不懂應隨時請問教師與指導人員。
6. 儀器運轉中不可試圖用手去接觸，使之停止。
7. 儀器使用中不可離開崗位。
8. 儀器停止使用，應立即關掉電源開關。
9. 工具使用完畢應還回原處。
10. 搬較重之儀器設備，宜請其他人員協助。

四、其他注意事項

1. 在從事使用雷射光實驗時，不可直視雷射光源，亦須防止直射他人之眼睛，以防眼睛受到傷害。
2. 在從事使用加熱鍋實驗時，必須確定加熱鍋內裝水，然後再接上電源。
3. 在從事感應電動勢實驗時，以鐵棒、磁棒等迅速插入或抽出副線圈時，務必小心操作，以防擊傷旁邊其他人員。

物理實驗室管理規則

1. 請假時應按學校規定辦理，否則以曠課論。
2. 上課前應先預習實驗內容、上課時繳交當週實驗之預習報告、實驗數據所需表格及前週實驗之完整報告（包括預習報告及結果報告）。
3. 上課時須衣著整齊，不可穿拖鞋，不可吸菸、吃零食、餐點、飲料等。
4. 實驗中須經授課教師同意始可外出，違者以曠課論。
5. 上課時間內點名不到或遲到早退，視同曠課論。
6. 實驗室內應保持秩序，不得喧嘩、嬉鬧，態度要嚴謹，不可利用實驗器材互相取鬧。
7. 各組實驗儀器不可私下更換，實驗完畢後，所有器材恢復原位，關掉所有儀器電源，並帶走附近所有紙張、垃圾。
8. 實驗前如有器材損壞，不得私自修理或改裝實驗儀器，應立即向教師報告，如屬不正常損壞，學生必須說明理由，由教師依實際情形，做適當妥善處理。更不可隨意取用別組儀器，以免影響實驗進行。
9. 共用實驗器材使用後應迅速歸還原處，以免影響他人使用。
10. 實驗如提早做完，應當在原處分析數據，檢查是否合理，如果數據十分離譜應當重新做一次實驗。
11. 實驗數據需由授課教師檢查合格方可離開實驗室。
12. 實驗儀器應按規定使用，如因疏忽而導致損壞者，需將儀器恢復成原狀，若屬蓄意損壞者除將儀器恢復成原狀外，此學科成績以不及格計。
13. 實驗報告不得遲交，遲交者成績以零分計。

物理實驗報告撰寫須知

1. 實驗報告分兩大部分：(1)預習報告；(2)結果報告。
2. 預習報告內容應包括：(1)名稱；(2)目的；(3)原理；(4)實驗儀器及其配置圖；(5)步驟；(6)實驗數據表格；(7)預習問題。
3. 結果報告：(1)數據記錄、分析及作圖；(2)結果與討論；(3)心得及建議；(4)問題；(5)參考資料。
4. 實驗報告內容請統一用 A4 空白影印紙書寫，並附封面（如下頁所示）。
5. 目的：簡述本實驗摘要。
6. 原理：簡要說明本實驗的理論背景，及實驗進行的方法，並推導相關的數學公式。亦可補充您個人的見解及所查得相關資料。
7. 實驗儀器及其配置圖：說明如何使用實驗將用到的儀器，以及如何配置安排這些儀器（以圖示說明）。
8. 步驟：簡述實驗進行的步驟，實驗進行可能遭遇到的問題，及如何處理等等。
9. 實驗數據表格：實驗前先準備好數據表格（請善用本書所附可拆卸式數據表格），以便將實驗所得數據填入，注意表格內的各欄名稱（物理量）及其單位應註明清楚。
10. 數據分析及作圖：
    (1) 填入數據應是直接由儀器所測得之數據（基本量），而非經過計算而導出的數據（導出量）。例如：以 t 秒等速移動距離 S 公尺，則速度 S/t（公尺／秒）為導出量，非直接由實驗量測，必須先量測距離與時間等基本量再計算出速度（導出量），此時在數據表格內所需列的數據應為距離與時間。
    (2) 每一物理量之量測，應重複多次量測，以「平均值 ± 平均標準差」表示，並附加單位。
    (3) 數據處理應列計算式舉例說明。
    (4) 其餘請參考本講義中的數據分析及作圖要點。
11. 結果與討論：將數據分析所得結果與要證明的理論或公式比較，討論有關的物理現象及誤差原因。
12. 心得與建議：實驗後你在觀念與實驗方法之收穫，為實驗與儀器之改進建議。
13. 參考資料：撰寫此實驗報告所參考的書籍與論文。

__________大學 __________學年度 第__________學期

物理實驗報告

繳交日期：　　　年　　　月　　　日　　評分：__________

實驗：__________名稱：__________

班級：__________

組別：__________

學號：__________

姓名：__________

其他組員：

實驗

01 游標測徑器與螺旋測微器的使用

目　的

一、了解游標測徑器的構造原理，並對物體的長度，圓筒的內、外徑與深度，作精密的測量。

二、了解螺旋測微器的構造原理，並測量金屬線的直徑和薄金屬片的厚度。

儀　器

游標測徑器、螺旋測微器、待測物（圓筒、銅線、薄金屬片）。

原　理

一、游標測徑器

1. 游標測徑器的外觀如圖 1-1 所示。R 為主尺，其上有兩種刻度，上為英制單位英吋，以 in 表示；下為公制單位毫米，以 mm 表示。S 為游尺，其上有兩種輔助刻度，配合主尺使用可使英制和公制的測量精確度分別至 $\frac{1}{128}$in 和 0.05mm。L 為固定游尺的旋鈕，W 為方便游尺移動的輪。c、d 為測外徑的鉗口，e、f 為測內徑的鉗口，g 為測物體深度的鋼片。

圖 1-1　游標測徑器

2. 使用公制單位時，首先將游尺與主尺 0 刻度對齊，觀察知游尺 10 刻度（實際上和 0 刻度間分成 20 小格），恰落在主尺 39mm 處，如圖 1-2 所示，即主尺 40mm 刻度與游尺 10 刻度相差 1mm，平分到游尺 20 小格上，故精確度為 $\frac{1}{20}\text{mm}=0.05\text{mm}$（游尺 1 刻度為 3.9mm 與主尺 4mm 刻度相差 0.1mm；同理，游尺 0.5 刻度與主尺 2mm 刻度相差 0.05mm）。如圖 1-3 所示，測量時，若游尺的 0 刻度介於主尺 29 與 30mm 之間，則主尺的讀數為 29mm；而游尺 8 刻度（與游尺的 0 刻度間有 16 小格）與主尺某刻度最為對齊，表示游尺的 0 刻度與主尺 29mm 刻度間的距離為 0.80mm（即 16 小格×0.05mm／小格 =0.80mm），則游尺的讀數為 0.80mm；游標測徑器的讀數則為主尺和游尺的讀數和，即 29.80mm。

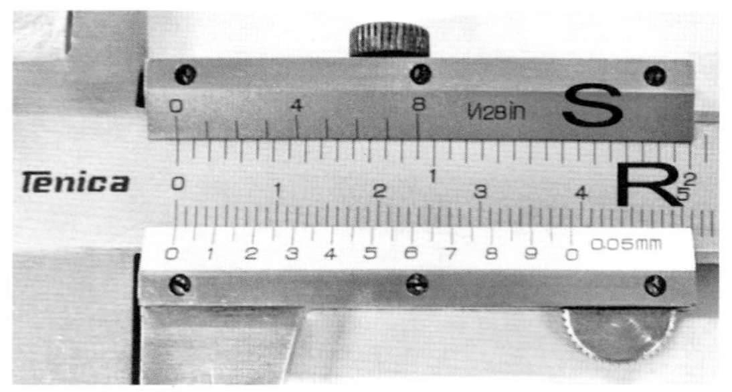

圖 1-2　主尺與游尺的零點對齊

圖 1-3　游標測徑器的讀數

3. 同理，使用英制單位時，當游尺與主尺零刻度對齊，游尺刻度 8 落在主尺 $\frac{15}{16}\text{in}$ 刻度上（主尺每小格為 $\frac{1}{16}\text{in}$），如圖 1-2 所示。即主尺 1in 刻度與游尺 8 刻度相差 $\frac{1}{16}\text{in}$，平分到游尺 8 小格，故精確度為 $\frac{1}{16}\times\frac{1}{8}=\frac{1}{128}\text{in}$。如圖 1-3 所示，測量時，若游尺 0 刻度落在主尺 $1\frac{2}{16}$ 與 $1\frac{3}{16}\text{in}$ 之間，而游尺刻度 6 與主尺上某一刻度為最對齊，則讀數為 $(1\frac{2}{16}+\frac{6}{128})\text{in}=1\frac{22}{128}\text{in}$（不要化為小數）。

二、螺旋測微器

1. 螺旋測微器的構造如圖 1-4 所示。在曲柄 F 上固定連接一主尺 R，主尺上附一可旋轉之套筒 S，K 為粗調轉鈕，H 為微調轉鈕，L 為固定鈕，A、B 為夾待測物處。

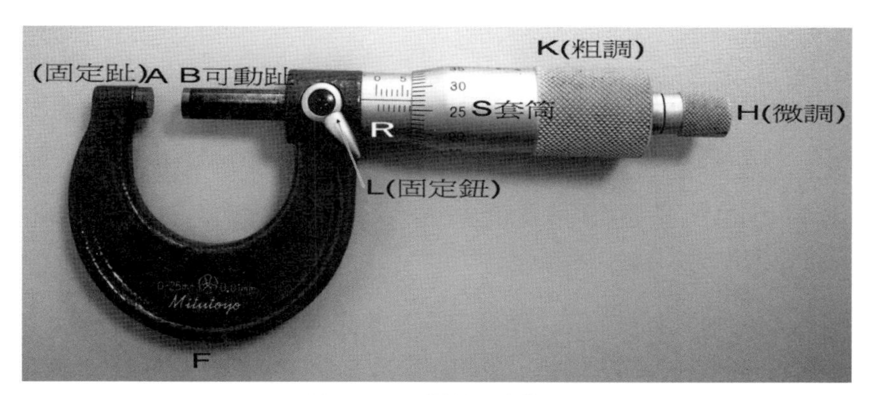

圖 1-4　螺旋測微器

2. 套筒周緣刻劃 50 個等分刻度，套筒每轉一圈前進（或後退）$\frac{1}{2}$mm，故套筒上每一等分為 $\frac{1}{100}$mm，即此螺旋測微器的精確度為 $\frac{1}{100}$mm。
3. 如圖 1-5 所示，測量時，若兩尺的相接觸點在主尺 6.5 與 7mm 之間，則主尺的讀數為 6.5mm；套筒的 27 刻度與主尺中央標線對齊，則套筒讀數為 $\frac{27.0}{100}$mm，螺旋測微器的讀數即為主尺讀數加套筒讀數 6.770mm（最後一位 0 為估計值）。

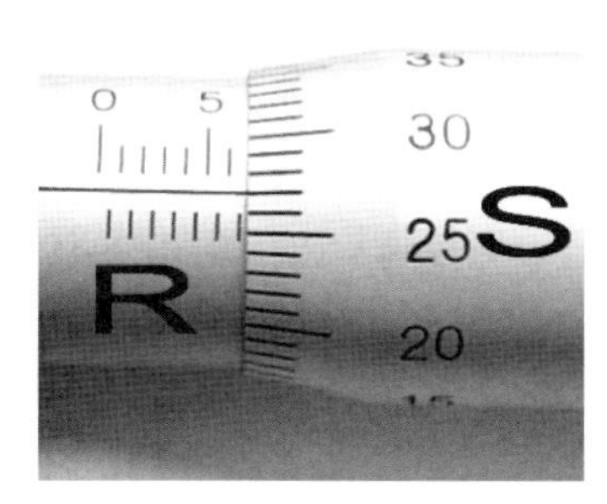

圖 1-5 螺旋測微器讀數

步　驟

一、游標測徑器

1. 使用前先作零點校正。推動游尺使鉗口 c、d 密合，觀察游尺與主尺的 0 刻度是否恰相重合，如不在零點，記錄其讀數（含正負號），以 a 表之，是謂零點誤差。
2. 將圓筒置於 c、d 間，旋轉 L 使之固定，測量圓筒的外徑，分別取公制與英制兩種讀數，並記錄之。若主尺和游尺的讀數分別為 R 和 S，則在考慮零點校正後計算得出圓筒外徑的測量值為 $R+S-a$。共測量三次，並計算其平均值。
3. 將游標測徑器的 e、f 張於圓筒的內側，量測其內徑，記錄其讀數，並計算其測量值。共測量三次平均之。
4. 將游標測徑器的鋼片 g 伸張於圓筒內，測量圓筒的深度，記錄其讀數，並計算其測量值。共測量三次平均之。

二、螺旋測微器

1. 使用時先作零點校正。轉動 K 使 A、B 接近，再輕輕轉動 H，直到發出響聲，不要超過三響，記錄此時的讀數為 a（含正負號）。
2. 將待測物（銅線）夾於 A、B 間，如步驟 1 轉動 K、H 使之妥為接觸，觀察主尺和套筒，記其讀數為 R 及 S，兩者相加後再減去零點校正之讀數 a，即得正確之測量值為 $R+S-a$。共量取待測物不同處三次，並求其平均值。
3. 取另一待測物（薄金屬片），重複步驟 2。

注意事項

1. 使用螺旋測微器測量時，當待測物已與 A、B 微微相接觸，切勿再轉動粗調轉鈕 K，以免損壞儀器，或造成軟質物體被壓縮引起測量的不準確。此時應稍微轉動微調轉鈕直到發出響聲，不要超過三響。
2. 使用螺旋測微器完畢，讓 A、B 間留一細縫，並收藏在盒內。

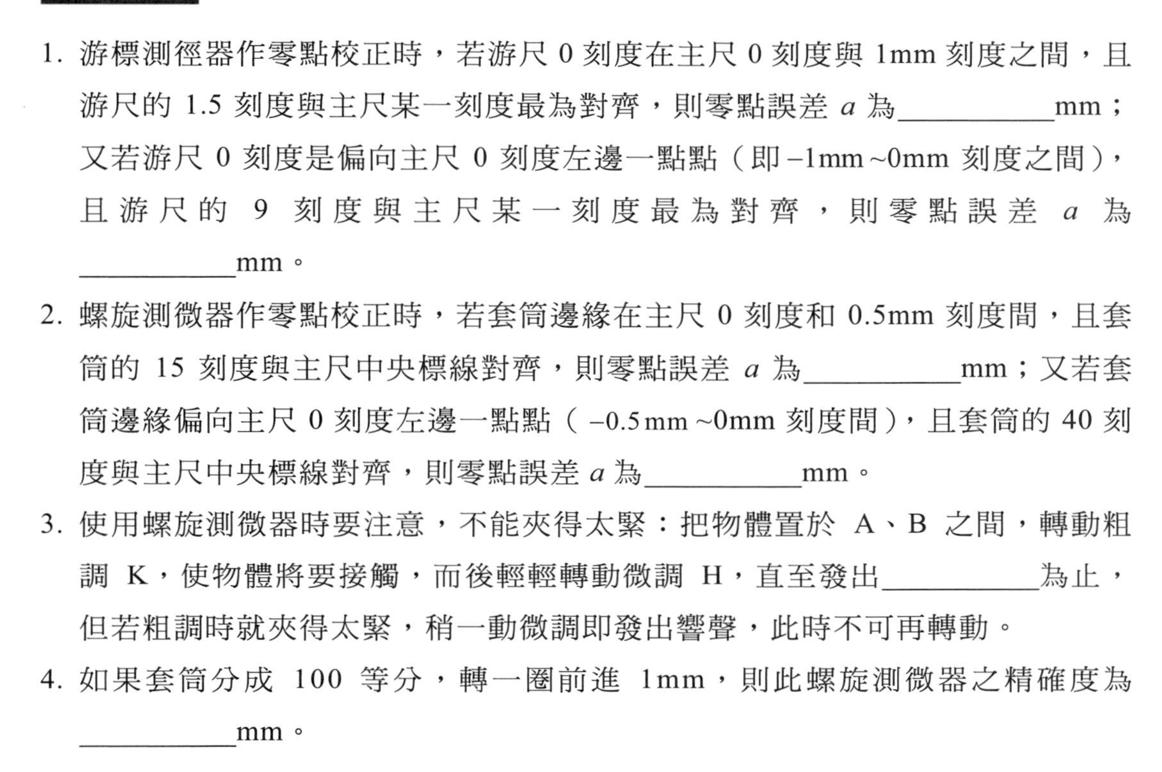

預習

1. 游標測徑器作零點校正時，若游尺 0 刻度在主尺 0 刻度與 1mm 刻度之間，且游尺的 1.5 刻度與主尺某一刻度最為對齊，則零點誤差 a 為__________mm；又若游尺 0 刻度是偏向主尺 0 刻度左邊一點點（即 −1mm ~0mm 刻度之間），且游尺的 9 刻度與主尺某一刻度最為對齊，則零點誤差 a 為__________mm。
2. 螺旋測微器作零點校正時，若套筒邊緣在主尺 0 刻度和 0.5mm 刻度間，且套筒的 15 刻度與主尺中央標線對齊，則零點誤差 a 為__________mm；又若套筒邊緣偏向主尺 0 刻度左邊一點點（ −0.5mm ~0mm 刻度間），且套筒的 40 刻度與主尺中央標線對齊，則零點誤差 a 為__________mm。
3. 使用螺旋測微器時要注意，不能夾得太緊：把物體置於 A、B 之間，轉動粗調 K，使物體將要接觸，而後輕輕轉動微調 H，直至發出__________為止，但若粗調時就夾得太緊，稍一動微調即發出響聲，此時不可再轉動。
4. 如果套筒分成 100 等分，轉一圈前進 1mm，則此螺旋測微器之精確度為__________mm。

游標測徑器與螺旋測微器的使用

班級：　　　　學號：　　　　姓名：

日期：　　　　組別：　　　　同組同學：

記錄與分析

一、游標測徑器

零點誤差 a =________mm；a =________in。

圓筒		主尺 R		游尺 S		測量值 $R+S-a$		平均值	
		mm	in	mm	in	mm	in	mm	in
外徑	1								
	2								
	3								
內徑	1								
	2								
	3								
深度	1								
	2								
	3								

二、螺旋測微器

零點誤差 a =________________mm。

待測物		主尺 R mm	曲尺 S mm	測量值 $R+S-a$ mm	平均值 mm
銅線外徑	1				
	2				
	3				
薄金屬片厚度	1				
	2				
	3				

討論

實驗

02

剛體靜平衡實驗

目　的

驗證當剛體呈靜平衡時，作用在其上的合力與合力矩均為零。

儀　器

力桌、上圓盤、凹槽滑輪 4 個、中心柱、鋼珠 3 個、插鞘 4 個、細線、釣盤、槽碼（或改為塑膠袋裝小鋼珠）、直尺、量角器。

原　理

根據牛頓第二運動定律，物體所受的合力 $\sum\vec{F}$ 等於物體的質量 m 與其加速度 $\vec{a}$ 的乘積，即 $\sum\vec{F}=m\vec{a}$ 。因此當物體所受合力為零時，可以推得其加速度為零，即該物體的運動速度不會改變，此物體靜止者恆靜止，移動者恆作等速度運動。

然而，合力為零僅能確定該物體平移運動的狀態不改變，而不保證其轉動狀態也不改變。造成物體轉動狀態改變的因素為力矩，當物體所受合力矩為零時，物體的轉動運動狀態不變，所以原來靜止不轉動的物體就會維持靜止不轉動狀態。力矩的定義如圖 2-1 所示，一力 $\vec{F}$ 作用於剛體上，此剛體以 O 為軸心（或稱參考點），向量 $\vec{r}$ 為力作用點（P 點）的位置向量，則 $\vec{F}$ 造成之力矩 $\vec{\tau}=\vec{r}\times\vec{F}$ ，其大小為 $\tau=rF\sin\theta=dF$ ，方向指出紙面，其中 O 點到力作用線的垂直距離 d 稱為力臂。通常若平面已定，則取會讓剛體逆時針旋轉時之力矩為正（如圖 2-1），順時針為負。綜合上述，一剛體成靜態平衡的條件有二，即

1. 剛體所受的合力為零，即 $\sum \vec{F} = 0$ 。
2. 對任何一轉軸剛體所受的合力矩為零，即 $\sum \vec{\tau} = 0$ 。

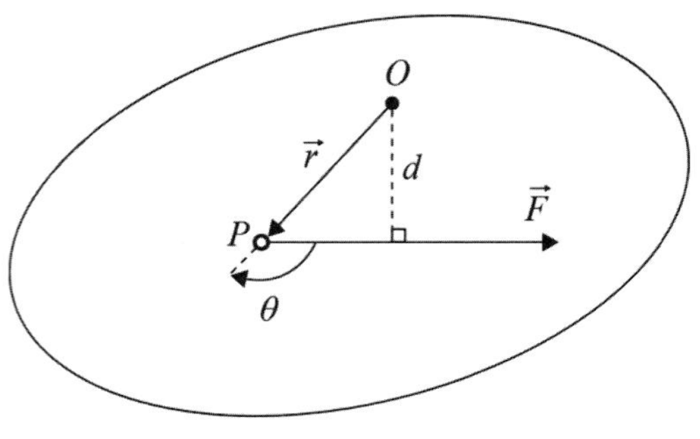

圖 2-1　力矩的定義

本實驗中，讓四力作用於圓盤的同一平面上，如圖 2-2 所示，當其呈靜平衡狀態時 $\vec{F_1}$ 、$\vec{F_2}$ 、$\vec{F_3}$ 、$\vec{F_4}$ 分別作用於剛體圓盤的 A、B、C、D 四點。對於此系統的力和力矩的平衡分別說明如下。

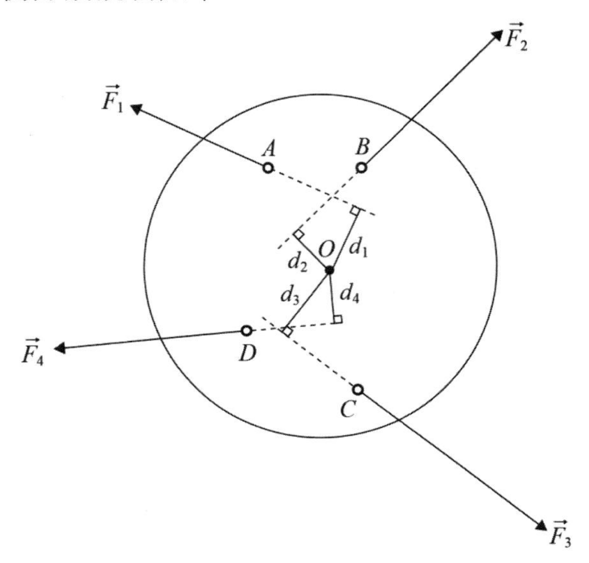

圖 2-2　四力作用於圓盤

一、力的平衡

合力的計算，可以用多邊形法及直角坐標分析法。

1. 多邊形法

多邊形法是利用作圖的方式來計算向量和（合力）的方法。作圖時，向量用帶有箭頭的線段表示，線段的箭頭代表向量的方向，長度則代表向量的大小，必須按固定的比例繪製（如線長 1.0cm 代表力 10gw，則線長 2.0cm 代表力 20gw，同一張圖比例需固定）。將圖 2-2 的力向量（已依固定比例繪製）平移到圖 2-3(a)上，一力接著另一力，則從起始點畫向最後終點的向量即為合力

（虛線畫的向量 $\sum\vec{F}$ ）。理論上，平衡時合力為零，若實驗結果不為零，表示實驗有誤差，合力即為其誤差，平移時的順序可調動，如圖 2-3(b)所示。

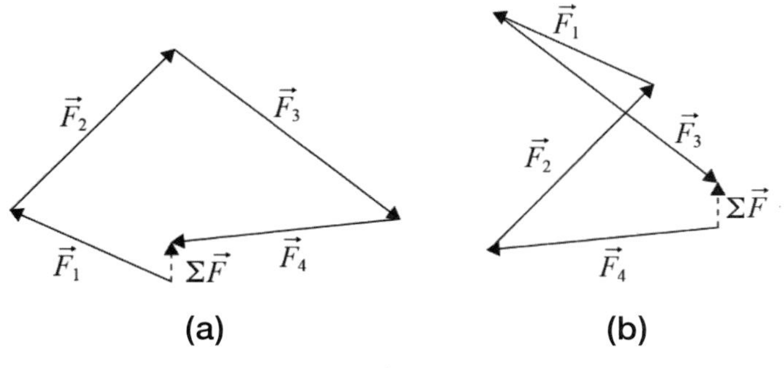

圖 2-3　多邊形法求合力

2. 直角坐標分析法：在 xy 平面上的力 $\vec{F}$ 可以視為是其在 x 方向上的分量 $F_x = F\cos\theta$ 和 y 方向上的分量 $F_y = F\sin\theta$ 的向量和，如圖 2-4 所示。數力平衡時，合力為零，則合力 $\sum\vec{F}$ 在 x 和 y 方向上的分量皆為零，即

$$\sum F_x = F_{1x} + F_{2x} + \cdots + F_{nx} = F_1\cos\theta_1 + F_2\cos\theta_2 + \cdots + F_n\cos\theta_n = 0$$

$$\sum F_y = F_{1y} + F_{2y} + \cdots + F_{ny} = F_1\sin\theta_1 + F_2\sin\theta_2 + \cdots + F_n\sin\theta_n = 0$$

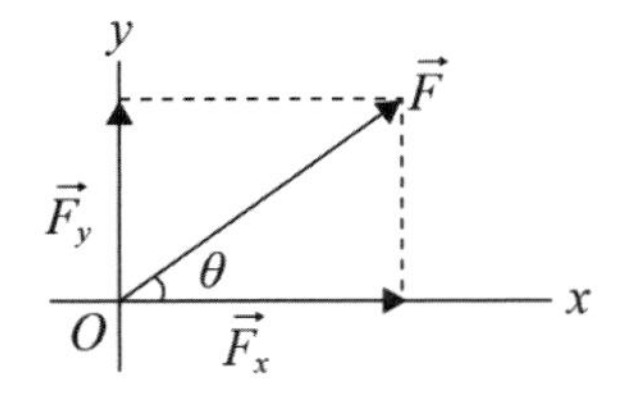

圖 2-4　向量的分量

其中 θ_i 為第 i 個力 $\vec{F_i}$ 與 x 軸之夾角。

二、力矩的平衡

如圖 2-2 所示，任取一點 O 為參考點，不在四條力線上（但不一定要在圓盤中心），作 O 點與四力線的垂直線，其力臂分別為 d_1、d_2、d_3、d_4，則由剛體平衡的第 2 個條件（合力矩為零）：

$$d_1 \times F_1 - d_2 \times F_2 + d_3 \times F_3 - d_4 \times F_4 = 0$$

其中 $\vec{F_2}$ 和 $\vec{F_4}$ 所產生的力矩會讓剛體有繞參考點順時針轉動的趨勢，故力矩取負值。

步　驟

1. 調整力桌使呈水平狀態。
   (1) 取三顆鋼珠置於下圓盤之圓形槽內，各自分開約120°。
   (2) 將上圓盤放置於鋼珠上，調整桌腳水平旋鈕，使圓盤成水平狀態，並使中心柱在圓盤中心，不能接觸到圓盤。
2. 取一張中央有圓孔之繪圖紙（自備作業紙），平鋪在上圓盤上。
3. 將細線跨過滑輪的凹槽，線的另一端掛上砝碼盤（砝碼盤的重量要一併計算），另一端套住插銷。
4. 任意把插銷插入上圓盤之洞內。
5. 改變滑輪的位置或調整各砝碼盤上砝碼的重量，直至上圓盤靜止不動，且中心柱恰在圓盤的中心，不能與圓盤接觸，如圖 2-5 所示。注意此時細線要與上圓盤保持水平並順著滑輪下垂。
6. 在繪圖紙上依細線之位置畫線，此即諸力的作用線，並記錄各力線之相關重量（即細線所吊之砝碼加砝碼盤之重量）。
7. 取下繪圖紙，自力的作用點 A、B、C、D 沿線畫出各力的方向，如圖 2-2 所示，並標示力的大小。
8. 另取一張繪圖紙，以多邊形法求其合力，如圖 2-3 所示。再利用直角座標分析法計算合力，將兩種方式所得之結果互相比較。
9. 另準備二張繪圖紙（白紙），描下步驟 7 之圖（即四力的大小，方向，作用點）。
10. 每張中任取一點作為軸心（第一張可取圓盤中心點），自軸心點畫出至各力線之垂直距離（即力臂）d_1、d_2、d_3、d_4，如圖 2-2 所示，並註明力臂的大小。
11. 依次算出 $\overrightarrow{F_1}$、$\overrightarrow{F_2}$、$\overrightarrow{F_3}$、$\overrightarrow{F_4}$ 各力之力矩，如為逆時針取正，如為順時針取負，並求出力矩和。
12. 第二張另取一點為軸心，重複步驟 10 和 11。

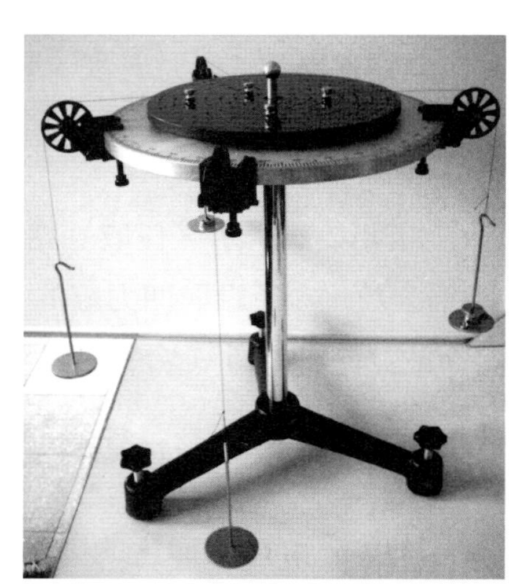
圖 2-5　力矩的平衡

注意事項

上圓盤不可以和中心柱接觸到，否則上圓盤與中心柱之間，會有作用力存在，將導致錯誤的實驗結果。

預 習

1. 畫力圖時，力向量的長度與力的大小要成比例，如 1.0cm 表 10gw，則 2.4cm 表__________gw。
2. 畫合力時，將力平移時，並需保持力的大小與力的__________不變。
3. 什麼是力的三要素？
4. 剛體平衡的條件？

實驗

02 剛體靜平衡實驗

班級：　　學號：　　姓名：

日期：　　組別：　　同組同學：

記錄與分析

一、力的平衡

1. 以多邊形法求合力，並附上步驟 8 所得之圖，圖中需註明（線長________cm 代表力________gw）。
2. 根據步驟 7 之圖，畫出 x 軸方向（可任意選擇），並測量各力與 x 軸之夾角，利用直角坐標分析法求合力（力的單位為 gw）。

力別	力的大小	力與 x 軸夾角	力的 x 分量	力的 y 分量	合力的 x 分量	合力的 y 分量
$\vec{F_1}$	$F_1 =$	$\theta_1 =$	$F_{1x} =$	$F_{1y} =$	$\sum_{i=1}^{4} F_{ix} =$	$\sum_{i=1}^{4} F_{iy} =$
$\vec{F_2}$	$F_2 =$	$\theta_2 =$	$F_{2x} =$	$F_{2y} =$		
$\vec{F_3}$	$F_3 =$	$\theta_3 =$	$F_{3x} =$	$F_{3y} =$		
$\vec{F_4}$	$F_4 =$	$\theta_4 =$	$F_{4x} =$	$F_{4y} =$		

合力大小 $|\sum_{i=1}^{} \vec{F_i}| = \sqrt{(\sum_{i=1}^{4} F_{ix})^2 + (\sum_{i=1}^{4} F_{iy})^2} =$ ____________ gw。

二、力矩的平衡

根據步驟 9~12 所得之圖（共二張，需做為實驗報告附件繳交），計算合力矩。

1. 以圓盤中心點為軸心（力臂、力和力矩的單位分別為 cm、gw 和 cm · gw）

力別	力臂	力的大小	力矩（用正負符號表方向）
$\vec{F_1}$	$d_1 =$	$F_1 =$	$\tau_1 =$
$\vec{F_2}$	$d_2 =$	$F_2 =$	$\tau_2 =$
$\vec{F_3}$	$d_3 =$	$F_3 =$	$\tau_3 =$
$\vec{F_4}$	$d_4 =$	$F_4 =$	$\tau_4 =$
		合力矩	$\sum_{i=1}^{4}\tau_i =$

2. 以另一點為軸心

力別	力臂	力的大小	力矩（用正負符號表方向）
$\vec{F_1}$	$d_1 =$	$F_1 =$	$\tau_1 =$
$\vec{F_2}$	$d_2 =$	$F_2 =$	$\tau_2 =$
$\vec{F_3}$	$d_3 =$	$F_3 =$	$\tau_3 =$
$\vec{F_4}$	$d_4 =$	$F_4 =$	$\tau_4 =$
		合力矩	$\sum_{i=1}^{4}\tau_i =$

討 論

1. 合力是否接近零？為什麼？
2. 合力矩是否接近零？為什麼？

實驗

03 牛頓第二運動定律

目　的

學習量測物體速度及加速度的技巧，並驗證牛頓第二運動定律。

儀　器

軌道、雙軸水平儀、光電計時器(Photogate timer)、光電管、光架、細線、砝碼組（100g 砝碼、200g 砝碼、20g 砝碼座）、游標卡尺、滑輪、電子天秤。

原　理

一、牛頓第二運動定律所描述的為一質量為 m 的物體，其所受淨力 $\vec{F}$ 作用時，所產生之加速度 $\vec{a}$ 值具有 $\vec{F}=m\vec{a}$ 之關係。若摩擦力可以忽略，則圖 3-1 系統在運動狀態時有以下之關係：

A 物體受力　　$T = Ma$

B 物體受力　　$mg - T = ma$

由上二式可得到

$$g = (\frac{M+m}{m})a \quad (1)$$

即加速度 a 與重力加速度 g 有(1)式中的關係。故若經量測得到 a 值，則 g 值方可以經由(1)式計算出來。

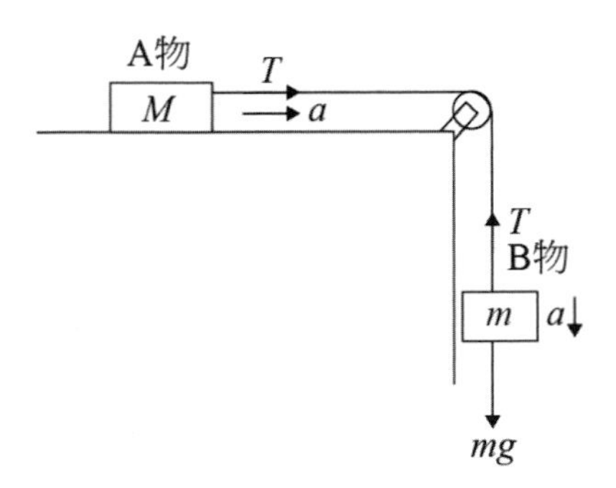

圖 3-1　平面滑動物體

二、由 A 物體與 B 物體為一個系統，共同運動之觀點來看，因二物體一同移動，總質量為 $(M+m)$，共同加速度為 a，總受力為 $F=mg$ 。故由牛頓第二運動定律可得

$$mg=(M+m)a \tag{2}$$

我們可以發現(2)式的結果與(1)式是相同的。在圖 3-1 中 T 為系統的內力，而 mg 則為系統所受之外力。

步　驟

1. 將雙軸水平儀放置在軌道中間，調整軌道下腳座的高度使雙軸水平儀中的氣泡落在正中央，這即表示軌道已達到水平狀態。
2. 在滑車頂中央裝上旗標。滑車上裝置適量配重砝碼以改變滑車總質量。
3. 秤滑車（含重物）之質量 M ，砝碼及砝碼座總質量 m ，單位為克。用游標尺量旗標之長度 ℓ 。
4. 以細線連接滑車和砝碼座，利用軌道端點的滑輪支撐細線。
5. 裝置 2 個光電門，使感光器可感應到滑車的旗標通過。
6. 釋放滑車，使滑車受砝碼之重力前進運動。光電計時器使用功能 6（設定：【首頁選單】→【6】→【設定】→【啟動】)，滑車通過光電門後按【停止】，分別記錄滑車通過二光電門之時間 t_{11} 及 t_{21}。計算滑車之瞬時速度 $V_1=\dfrac{\ell}{t_{11}}$ ，$V_2=\dfrac{\ell}{t_{21}}$ ，重複 3 次測量後將數據記錄於表一。

7. 釋放滑車位置同步驟 6，光電計時器使用功能 4（設定：【首頁選單】→【4】→【設定】→【啟動】）來記錄滑車經過二個光電門間之距離所需時間 t_{12}。則滑車的加速度 $a=\dfrac{V_2-V_1}{t_{12}}$，重複 3 次測量後將數據記錄於表一。
8. 移除滑車配重砝碼，重複以上步驟 1~7。將數據記錄於表二。
9. 將砝碼及砝碼座總質量減半，重複以上步驟 1~7。將數據記錄於表三。
10. 討論實驗值與理論值之誤差來源。

注意事項

1. 實驗中數據請使用 CGS 制計算。
2. 懸掛砝碼的細線長度必須不致讓砝碼掉落到地面上。

03 牛頓第二運動定律

班級：　　學號：　　姓名：

日期：　　組別：　　同組同學：

記錄與分析

本次實驗使用旗標寬ℓ = ____________(cm)。

表一　滑車＋配重砝碼

滑車＋配重砝碼總質量 M = ____________(g)，掛勾+砝碼總質量 m = ____________(g)。

次數	t_{11} (s)	t_{21} (s)	$V_1=\frac{\ell}{t_{11}}$ (cm/s)	$V_2=\frac{\ell}{t_{21}}$ (cm/s)	t_{12} (s)	$a=\frac{(V_2-V_1)}{t_{12}}$ (cm/s^2)
1						
2						
3						

a 平均值=____________(cm/s^2) = ____________(m/s^2)。

g 理論值=___980___(cm/s^2) = ___9.8___(m/s^2)。

g 實驗值=$(\frac{M+m}{m})a$ =____________(cm/s^2) = ____________ (m/s^2)；

百分誤差= $\frac{|g實驗值-g理論值|}{g理論值}\times 100\%$ =____________%。

表二　滑車

滑車質量 $M=$ ＿＿＿＿＿ (g)，掛勾+砝碼總質量 $m=$ ＿＿＿＿＿ (g)。

次數	t_{11} (s)	t_{21} (s)	$V_1=\frac{\ell}{t_{11}}$ (cm/s)	$V_2=\frac{\ell}{t_{21}}$ (cm/s)	t_{12} (s)	$a=\frac{(V_2-V_1)}{t_{12}}$ (cm/s²)
1						
2						
3						

a 平均值=＿＿＿＿＿(cm/s²) = ＿＿＿＿＿ (m/s²)。

g 理論值=＿980＿(cm/s²) = ＿9.8＿(m/s²)。

g 實驗值=$(\frac{M+m}{m})a$ =＿＿＿＿＿(cm/s²) = ＿＿＿＿＿ (m/s²)；

百分誤差= $\frac{|g實驗值-g理論值|}{g理論值}\times100\%$ =＿＿＿＿＿%。

表三　砝碼及砝碼座總質量減半

滑車質量 $M=$ ＿＿＿＿＿ (g)，掛勾+砝碼總質量 $m=$ ＿＿＿＿＿ (g)。

次數	t_{11} (s)	t_{21} (s)	$V_1=\frac{\ell}{t_{11}}$ (cm/s)	$V_2=\frac{\ell}{t_{21}}$ (cm/s)	t_{12} (s)	$a=\frac{(V_2-V_1)}{t_{12}}$ (cm/s²)
1						
2						
3						

a 平均值=＿＿＿＿＿(cm/s²) = ＿＿＿＿＿ (m/s²)。

g 理論值=＿980＿(cm/s²) = ＿9.8＿(m/s²)。

g 實驗值=$(\frac{M+m}{m})a$ =＿＿＿＿＿(cm/s²) = ＿＿＿＿＿ (m/s²)；

百分誤差= $\frac{|g實驗值-g理論值|}{g理論值}\times100\%$ =＿＿＿＿＿%。

討論

討論 g 之實驗值與理論值差異之原因。

實驗
04 自由落體運動

目的

研究自由落體運動並測量重力加速度 g 值。

儀器

智慧型光電計時器(Smart Timer)、支架、鋼球與釋放裝置、接收板、控制盒、導線、米尺。

原理

自由落體運動乃物體受地心引力作用而產生固定的重力加速度 g，其值會隨地球表面位置的不同而有少許的變化，大小約為 980cm/sec^2。由於自由落體運動為等加速度運動，其運動公式為

$$v = v_0 + gt \tag{1}$$

$$y = v_0 t + \frac{1}{2} g t^2 \tag{2}$$

從位移公式可得重力加速度 g。

鋼球初速度等於零：$v_0 = 0$ 。

$$y = \frac{1}{2} g t^2 \Rightarrow g = \frac{2y}{t^2} \tag{3}$$

儀器設定與步驟

1. 將鋼球釋放裝置鎖在支架上，支架移至最高點則 d 約等於 150 cm，如圖 4-1 所示。
2. 用鉛錘線在鋼球的正下方放置接收板，同時將接收板放在塑膠盒中以避免鋼球掉下後彈跳至它處。
3. 用彈簧片圓孔輕壓鋼球接觸螺絲，接著轉動螺絲旋鈕使鋼珠固定。注意：若欲得正確的時間數據，彈簧片夾住鋼球的力道要很輕，若此力道不易調控，可改採步驟 10 的方式為之。
4. 把電話插頭插入 Smart Timer 側邊的插孔（1 或 2 皆可）。
5. Smart Timer 接上電源後開機，視窗出現 PASCO scientific。
6. 用手指頭肉質的部分做按鍵的動作。
7. 按紅色鍵：1 Select Measurement，視窗出現 Time：。

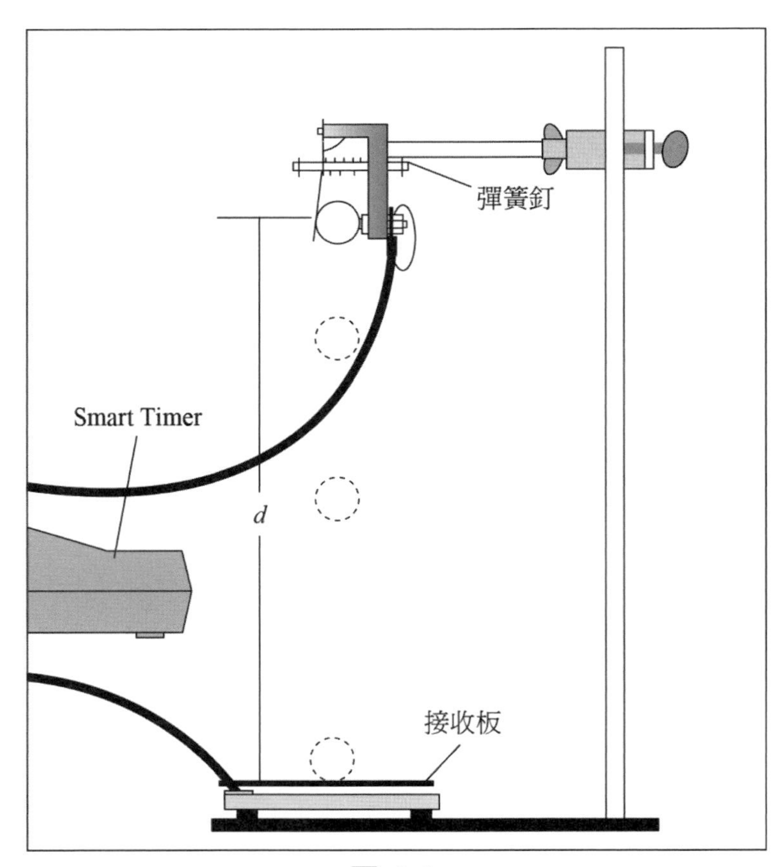

圖 4-1

8. 重複按藍色鍵：2 Select Mode，直到視窗出現 Time：Stopwatch，再按 Smart Timer 黑色鍵：3 Start/Stop，視窗出現 Time：Stopwatch＊，現在可以開始記錄自由落體的下降時間。
9. 反向轉動螺絲旋鈕使鋼球自由掉落，若鋼球撞擊到接收板的中央時，Smart Timer 會顯示鋼球掉落的時間。若無顯示需重新調整接收板的位置，重複按 Smart Timer 的黑色鍵 3 Start/Stop，當視窗再出現 Time：Stopwatch＊時就可以重新再測量一次（若有出現數字 0.0001 時只需重複按黑色鍵 3 Start/Stop 直到視窗再出現 Time：Stopwatch＊）。
10. 若從步驟 9 無法得到正確的時間數據（譬如時間數據很小），可以嘗試用下面的方法：放鬆彈簧釘，將鋼球放在彈簧片的圓孔後直接用手指壓住靠緊（可以用右手的大拇指和中指壓住彈簧片下端同時食指固定在上面的水平桿），接著按 Smart Timer 黑色鍵：3 Start/Stop，視窗出現 Time：Stopwatch＊，現在可以開始記錄自由落體的下降時間，將彈簧片扳開讓鋼球自由落下（扳開的動作要輕快以避免鋼球再次碰觸彈簧片），其他的動作如步驟 9。
11. 將 Smart Timer 的時間記錄於實驗報告中。
12. 按 Smart Timer 的黑色鍵 3 Start/Stop 重新設定，並取 130 cm 和 110 cm 的高度各測量一次。

自由落體運動

班級：　　學號：　　姓名：

日期：　　組別：　　同組同學：

記錄與分析

鋼珠初速度 $v_0 = 0$

次數	距離 d (cm)	時間 t (s)	重力加速度 $g=\frac{2d}{t^2}$ (cm/s²)	變異數 $(g-\bar{g})^2$ (g－所有重力加速度數據的平均值)^2
1				
2				
3				
4				
5				
重力加速度的平均值 $\bar{g}$ (cm/s^2)			變異數的總和 $\sum(g-\bar{g})^2$	
標準偏差 $\sigma=\sqrt{\frac{(g-\bar{g})^2}{N-1}}=\sqrt{\frac{變異數的總和}{4}}$ (cm/s^2)				
本實驗所得重力加速度為 $g=\bar{g}\pm\sigma$ (cm/s^2)				

討 論

實驗

05

向心力實驗

目　的

探討物體作等速率圓周運動時，所需向心力、物體質量、旋轉半徑、旋轉週期之間的關係。

儀　器

A 型底座、旋轉主軸、旋轉平台（附馬達）、彈簧支撐架、彈簧及紅色指標、圓形物體支撐架、圓形物體（約 100 克一個、約 50 克二個）、方形物體（約 300 克一個）、掛鉤及砝碼（20 克三個，10 克一個）、固定夾與滑輪、線、電子天平、碼錶、直流電源供應器。

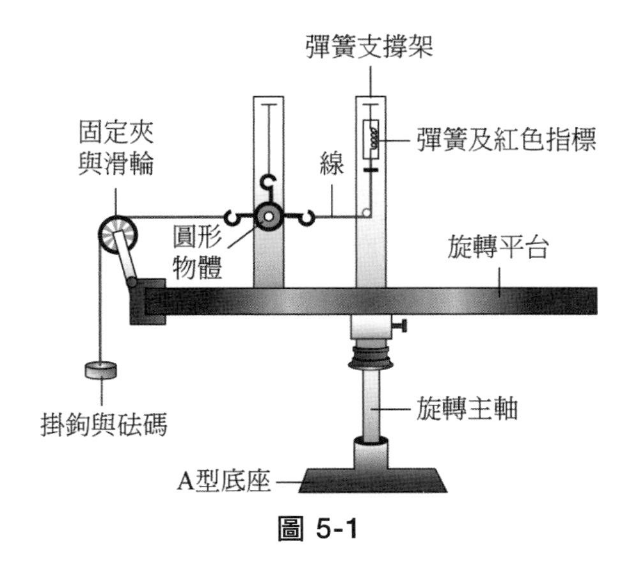

圖 5-1

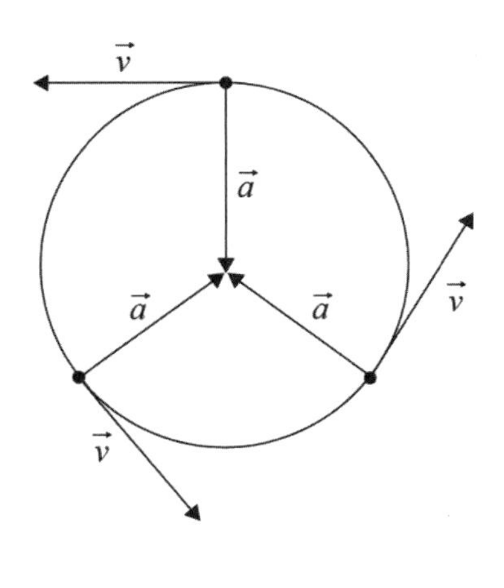

圖 5-2

原　理

一質點作等速率圓周運動時，其速度的大小雖然不變，但其速度的方向卻不斷地改變，所以是一種加速度運動，但不是等加速度運動。一質點以等速率 v 繞半徑為 r 之圓周運動時，理論上可推得其向心加速度的大小為

$$a_R = \frac{v^2}{r} \tag{1}$$

作等速率圓周運動的質點繞圓一圈所需的時間，稱為週期 T，由於質點繞圓一圈的路徑長為 $2\pi r$，而速率為路徑長除以時間，因此，質點之速率可寫為

$$v = \frac{2\pi r}{T} \tag{2}$$

將(2)式代入(1)式，則向心加速度的大小可寫為

$$a_R = \frac{v^2}{r} = \frac{4\pi^2 r}{T^2} \tag{3}$$

圖 5-2 表示在圓周上不同處，質點之速度及加速度的大小不變，方向卻不斷地改變，速度方向與圓周相切，加速度的方向恆指向圓心。

一、向心力

根據牛頓第二定律，即 $\vec{F} = m\vec{a}$，當質量為 m 的質點作加速度運動時，必定有一淨力作用於此質點上，因此，產生向心加速度之向心力的大小為

$$F = ma = \frac{mv^2}{r} = \frac{4\pi^2 rm}{T^2} \tag{4}$$

此向心力的方向與向心加速度的方向相同，在任何時刻均指向圓心。

在此實驗中作圓周運動的質點為支撐架上的黃色圓形物體，其質量 m 可調整為 100 克、150 克，或 200 克左右。向心力實驗值的大小等於旋轉平台末端所懸掛總質量為 M 的掛鉤與砝碼之重量，即向心力為 $F = Mg$。

二、向心力 *F* 及質點質量 *m* 固定時，探討旋轉週期 *T* 與旋轉半徑 *r* 的關係

由(4)式得

$$T^2=(\frac{4\pi^2 m}{F})r \tag{5}$$

上式顯示當向心力($F=Mg$)及質點質量(m)固定時，週期平方(T^2)與旋轉半徑(r)成正比，其比值為 $4\pi^2 m/F$ ，作 T^2 對 r 的關係圖時，由(5)式可知其比值或斜率 s_1 為

$$s_1=\frac{4\pi^2 m}{F} \quad 或 \quad F=\frac{4\pi^2 m}{s_1} \tag{6}$$

三、旋轉半徑 *r* 與質點質量 *m* 固定時，探討旋轉週期 *T* 與向心力 *F* 的關係

由(4)式得

$$\frac{1}{T^2}=(\frac{1}{4\pi^2 rm})F \tag{7}$$

上式顯示當旋轉半徑(r)及質點質量(m)固定時，週期平方的倒數($1/T^2$)與向心力($F=Mg$)成正比，其比值為 $1/4\pi^2 mr$，作 $1/T^2$ 對 F 的關係圖時，由(7)式可知其比值或斜率 s_2 為

$$s_2=\frac{1}{4\pi^2 r\,m} \quad 或 \quad m=\frac{1}{4\pi^2 r\,s_2} \tag{8}$$

四、旋轉半徑 *r* 與向心力 *F* 固定時，探討旋轉週期 *T* 與質點質量 *m* 的關係

由(4)式得

$$T^2=(\frac{4\pi^2 r}{F})m \tag{9}$$

上式顯示當旋轉半徑(r)與向心力($F=Mg$)固定時，週期平方(T^2)與質點質量(m)成正比，其比值為$4\pi^2 r/F$，作T^2對 m 的關係圖時，由(9)式可知其斜率 s_3 為

$$s_3=\frac{4\pi^2 r}{F} \qquad \text{或} \qquad F=\frac{4\pi^2 r}{s_3} \tag{10}$$

步 驟

一、裝置實驗器材並調整 A 型底座之水平

1. 如圖 5-1 所示，將附有彈簧及紅色指標的彈簧支撐架固定在旋轉平台的中央，並使其下方的小孔對準平台上的「0」刻度。將另一支撐架固定在 10 公分的刻度處，透過其上方的兩個小孔及螺絲，用細線吊起約 200 克的圓形物體，並調整其高度，使圓形物體右邊的掛鉤與彈簧支撐架上的滑輪下端約處於同一水平高度。然後在旋轉平台的此側末端再固定一個約 300 克重的方形物體。

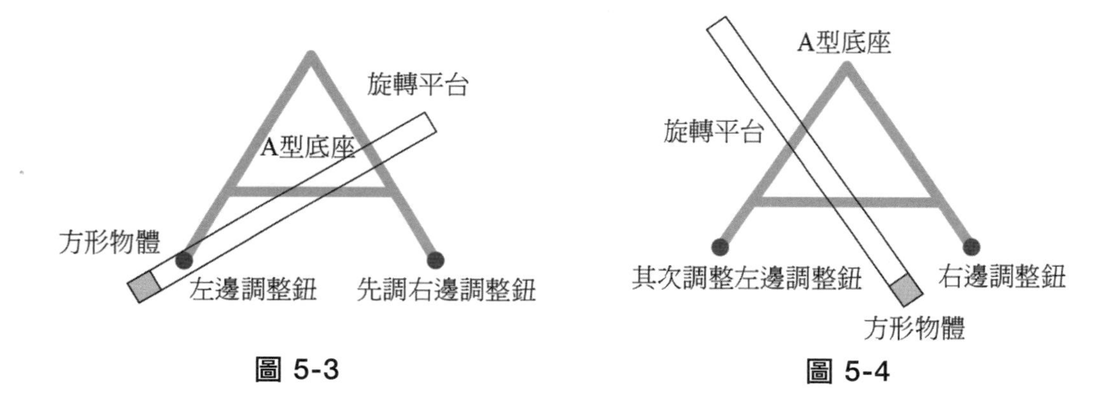

圖 5-3　　　　圖 5-4

2. 如圖 5-3 所示，將旋轉平台上之方形物體轉至 A 型底座之左邊調整鈕的上方，然後調整其右邊調整鈕，直至旋轉平台不再轉動，而能靜止如圖 5-3 所示。
3. 將旋轉平台轉動 90°，如圖 5-4 所示，使其平行於 A 型底座的右邊，然後調整左邊調整鈕，直至旋轉平台不再轉動，而能靜止如圖 5-4 所示。
4. 現在旋轉平台已水平，用手將其轉動至任何方位，均能保持靜止。在以下之實驗過程中不可再移動此 A 型底座位置，否則需重新調整水平。

5. 取下約 300 克重之方形物體，此末端換上固定夾與滑輪，如圖 5-1 所示，用一細線連接紅色指標下端與圓形物體右邊掛鉤，此細線並經過彈簧支撐架的滑輪下方。再用另一細線連接圓形物體及掛鉤與砝碼（取約 30 克左右），此細線須繞過固定夾上的滑輪。

二、向心力 *F* 及質點質量 *m* 固定時，探討旋轉週期 *T* 與旋轉半徑 *r* 的關係

1. 用電子天平測量步驟一中的黃色圓形物體（此物視為質點）之質量 m（取約 200 克左右），以及掛鉤與砝碼的總質量 M（取約 30 克左右）。
2. 調整圓形物體支撐架的位置，使其中央的細線對準旋轉平台上 10 公分的刻度處。
3. 調整紅色指標與圓形物體之間的連接線的長度，或調整彈簧的上下高度，使得用單眼目視時，圓形物體上方的兩條細線，均與圓形物體支撐架上的中央細線重合。
4. 上下調整彈簧支撐架上具有圓孔的平板，使紅色指標恰位於平板的圓孔內。
5. 取下平台末端總質量為 M 之掛鉤與砝碼。
6. 轉動旋轉平台下方的支柱，由慢而快，直至紅色指標恰位於平板的圓孔內。繼續維持此種轉速，並記錄轉 10 圈所需的時間，以測量其週期 T。
7. 此時彈簧之彈力提供為黃色圓形物體作圓周運動所需的向心力 F，而其實驗值等於先前掛鉤與砝碼之總重量 Mg，且此時質點之旋轉半徑 r 為 10 公分。
8. 移動圓形物體支撐架上細線的位置，以改變質點的旋轉半徑 r，依次使 r 為 12 公分、14 公分、16 公分、18 公分。然後重複步驟 3、4、5、6。
9. 由質量 m、半徑 r、週期 T 及(4)式，可求得向心力之計算值 F'（實驗值）。

三、旋轉半徑 *r* 與質點質量 *m* 固定時，探討旋轉週期 *T* 與向心力 *F* 的關係

1. 用天平測量黃色圓形物體之質量 m（約 200 克左右），將圓形物體支撐架上的中央細線固定在 10 公分處。
2. 用天平測量掛鉤與砝碼的總質量 M（取約 30 克左右）。
3. 重複步驟二中的 3、4、5、6，以測量旋轉週期 T。

4. 依次改變掛鉤與砝碼的總質量 M，使其約為 40 克、50 克、60 克、70 克，需用天平確實測量此 M 值，然後重複步驟二中的 3、4、5、6，以測量旋轉週期 T。
5. 由向心力 F、週期 T、半徑 r 及(4)式，可求得質點之質量的計算值 m'（實驗值）。

四、旋轉半徑 *r* 與向心力 *F* 固定時，探討旋轉週期 *T* 與質點質量 *m* 的關係

1. 用天平測量掛鉤與砝碼的總質量 M（取約 30 克左右），此作為固定之向心力($F=Mg$)。將圓形物體支撐架上的細線固定在 14 公分處。用天平測量黃色圓形物體之質量 m（約取 100 克）。
2. 重複步驟二中的 3、4、5、6，以測量旋轉週期 T。
3. 依次增加一片、二片之圓形物體，以改變其質量 m（依次約為 150 克、200 克），並用天平確實測量此 m 值重新校正，然後重複步驟二中的 3、4、5、6，以測量旋轉週期 T。
4. 由(4)式可分別求得向心力的計算值 F'，並與表示向心力之掛鉤與砝碼的總重量($F=Mg$)作比較。

注意事項

實驗完成後，須取下黃色之圓形物體，以避免彈簧的彈性疲乏。

實驗

05

向心力實驗

班級：　　學號：　　姓名：

日期：　　組別：　　同組同學：

記錄與分析

一、向心力 F 及質點質量 m 固定時，探討旋轉週期 T 與旋轉半徑 r 的關係

次數	半徑 r (cm)	$10T$ (s)	週期 T (s)	T^2 (s^2)	$F' = 4\pi^2 r\, m/T^2$ (dyne)
1					
2					
3					
4					
5					
平均					

1. 黃色圓形物體（視為質點）之質量 $m =$ ＿＿＿＿＿ g。
2. 掛鉤與砝碼的總質量 $M =$ ＿＿＿＿＿ g。
3. 向心力的理論值 $F = Mg =$ ＿＿＿＿＿ dyne。
4. 向心力的百分誤差 $\frac{|F' - F|}{F} \times 100\,\% =$ ＿＿＿＿＿%。

二、旋轉半徑 r 與質點質量 m 固定時，探討旋轉週期 T 與 0 向心力 F 的關係

次數	M (g)	$F=Mg$ (dyne)	$10T$ (s)	T (s)	T^2 (s^2)	$m' = FT^2/4\pi^2 r$ (g)
1						
2						
3						
4						
5						
平均						

1. 旋轉半徑 r = __________ cm。
2. 黃色圓形物體（視為質點）之質量的理論值 m = __________ g。
3. 質量的百分誤差 $\frac{|m'-m|}{m} \times 100\,\%$ = __________%。

三、旋轉半徑 r 與向心力 F 固定時，探討旋轉週期 T 與質點質量 m 的關係

次數	m (g)	$10T$ (s)	T (s)	$F' = 4\pi^2 r\, m/T^2$ (dyne)
1				
2				
3				
平均				

1. 旋轉半徑 r = __________ cm。
2. 掛鉤與砝碼的總質量 M = __________ g。
3. 向心力的理論值 $F = Mg$ = __________ dyne。
4. 向心力的百分誤差 $\frac{|F'-F|}{F} \times 100\,\%$ = __________%。

討論

MEMO

實驗

06

斜面加速度運動

目　的

測量物體在無摩擦斜面上運動之加速度大小。

儀　器

軌道、光電計時器、光電管三支、光架三支、滑車、100g 砝碼二個（加重滑車用）、矩形木塊二塊、游標卡尺、雙軸水平儀。

原　理

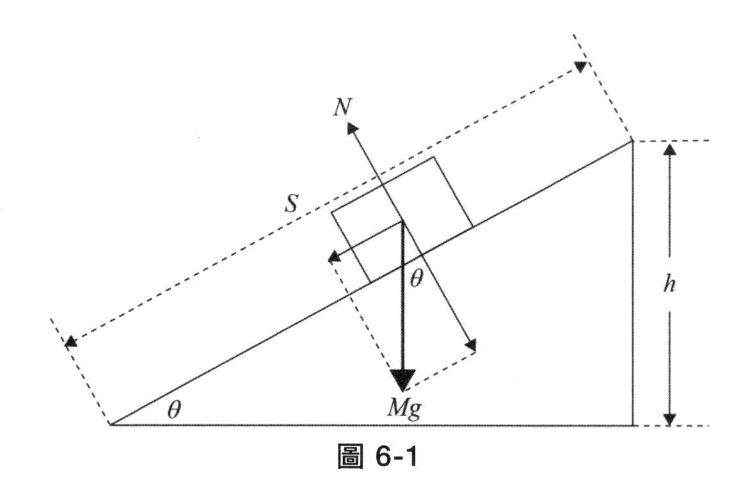

圖 6-1

如圖 6-1 所示，當質量為 M 的物體置於傾斜角為 θ 之斜面上時，垂直向下之重力，可分解為垂直斜面的力量 $Mg\cos\theta$ 和平行斜面的力量 $Mg\sin\theta$ 。這兩個分力的大小分別等於物體的正向力 N 和使物體沿斜面加速的作用力 F：

$$N = Mg\cos\theta \tag{1}$$

$$F = Mg\sin\theta = Ma \tag{2}$$

因此平行斜面的加速度大小為

$$a = g\sin\theta = g \cdot \frac{h}{S} \tag{3}$$

其中 S 為斜面的長度，h 為斜面的高。公式(3)為斜面加速度的理論值 a_{th}。

本實驗利用近似無摩擦的軌道，將一邊墊高形成斜面，讓滑車從高處自由下滑一距離 x，測量滑行時間 t。若初速度為零則從運動學的公式可得

$$x = \frac{1}{2}at^2 \quad \Rightarrow \quad a = \frac{2x}{t^2} \tag{4}$$

若初速度 v_1 固定，則計算公式類似自由落體的情形，將前面的公式符號改寫後得

$$\begin{aligned} & x_{12} = v_1 t_{12} + \frac{1}{2}at_{12}^2 \quad , \quad x_{13} = v_1 t_{13} + \frac{1}{2}at_{13}^2 \\ & \Rightarrow a = \frac{2(x_{13}t_{12} - x_{12}t_{13})}{t_{12}t_{13}(t_{13} - t_{12})} \end{aligned} \tag{5}$$

為了操作上的簡便，本實驗只做初速度固定的部分，因此比較理論的計算(3)和實驗的結果(5)的差異即是本實驗的目的。

步　驟

1. 調整水平：將雙軸水平儀置於軌道台上，調整軌道下的水平旋鈕，直到水平儀氣泡位於中央為止。之後放上滑車進一步確認是否達到水平。
2. 取下滑車，並將軌道台一端裝上滑車緩衝器。將厚度為 h 的木塊墊在軌道台的另一端，形成近似無摩擦的斜面。測量軌道台長度 S，帶入公式(3)中求加速度的理論值。

3. 在滑車中央裝上旗標，並調整三組光電管的高度使滑車經過光電管時偵測桿能檔到紅外線。
4. 安排三組光電管的距離如下：第一組光電管前面預留空間約 30cm，第一組與第二組的距離大約為 40cm，第二組與第三組的距離大約為 40cm，分別測量第一組與第二組的距離為 x_{12}，第一組與第三組的距離為 x_{13}，填入實驗報告中。
5. 光電計時器使用功能 3（設定：【首頁選單】→【3】→【設定】→【啟動】），將滑車盡量放置靠近軌道的邊緣用手按住，在第一組光電管前面準備好，按啟動鍵之後再放開滑車。
6. 停止計時後得時間 t_{12} 和 t_{13}，此為第一次的紀錄。
7. 第二次加重滑車（滑車加掛二個 100g 砝碼），重複上面的時間測量（可以不必改變光電管的間距）。
8. 第三次和第四次將二塊木塊重疊，重複上面第一次和第二次的測量。

斜面加速度運動

班級：　　　　學號：　　　　姓名：

日期：　　　　組別：　　　　同組同學：

記錄與分析

軌道台長 $S=$ ＿＿＿＿＿＿ cm。

百分誤差公式：$\dfrac{|a-a_{th}|}{a_{th}}\times 100\%$

一、滑車

次數	木塊高度 h (cm)	$a_{th}=g\dfrac{h}{S}$ (cm/s^2)	距離 x_{ij} (cm)	時間 t_{ij} (s)	$a=\dfrac{2(x_{13}t_{12}-x_{12}t_{13})}{t_{12}t_{13}(t_{13}-t_{12})}$	百分誤差
1			$x_{12}=$	$t_{12}=$		
			$x_{13}=$	$t_{13}=$		
2			$x_{12}=$	$t_{12}=$		
			$x_{13}=$	$t_{13}=$		

二、加重滑車

次數	木塊高度 h (cm)	$a_{th}=g\dfrac{h}{S}$ (cm/s^2)	距離 x_{ij} (cm)	時間 t_{ij} (s)	$a=\dfrac{2(x_{13}t_{12}-x_{12}t_{13})}{t_{12}t_{13}(t_{13}-t_{12})}$	百分誤差
1			$x_{12}=$	$t_{12}=$		
			$x_{13}=$	$t_{13}=$		
2			$x_{12}=$	$t_{12}=$		
			$x_{13}=$	$t_{13}=$		

討論

1. 斜面的高度對測量有何影響？
2. 滑車的輕重對測量有何影響？

實驗

07 碰撞實驗

目　的

一、研究完全非彈性碰撞和動量守恆定律。

二、研究彈性碰撞和動量，以及動能守恆定律。

儀　器

軌道、光電計時器、雙軸水平儀、光電管、光架、滑車二個（稱為輕滑車）、100g 砝碼二個（加重滑車用）、橡皮筋、檔板插鞘、電子秤、游標卡尺。

原　理

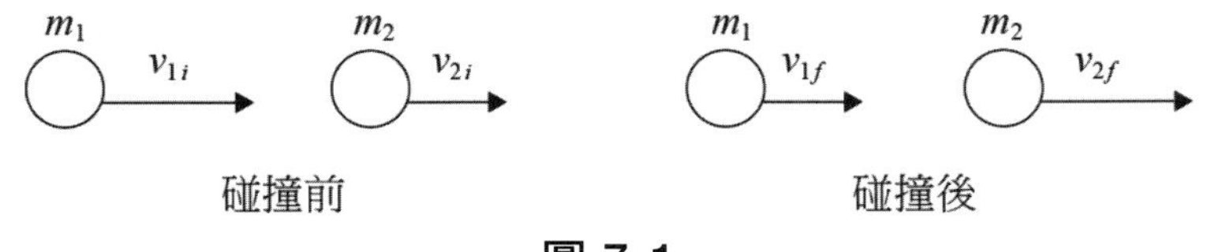

圖 7-1

考慮在水平面上一維碰撞的情形。兩物體的質量分別為 m_1 和 m_2，碰撞前其速度分別為 v_{1i} 和 v_{2i}，碰撞後的速度分別為 v_{1f} 和 v_{2f}，如圖 7-1 所示，方向設向右為正，向左為負。由於水平方向無外力作用，因此水平方向的動量守恆：

$$m_1v_{1i}+m_2v_{2i}=m_1v_{1f}+m_2v_{2f} \tag{1}$$

若為彈性碰撞，則碰撞前後的動能相等：

$$\frac{1}{2}m_1v_{1i}^2+\frac{1}{2}m_2v_{2i}^2=\frac{1}{2}m_1v_{1f}^2+\frac{1}{2}m_2v_{2f}^2 \tag{2}$$

將上面兩個物體的質量和碰撞前的速度設為已知數，則解聯立方程式(1)和(2)可得碰撞後的速度，我們有碰撞後 m_1 的速度 v_{1f} 為

$$v_{1f}=(\frac{m_1-m_2}{m_1+m_2})v_{1i}+(\frac{2m_2}{m_1+m_2})v_{2i} \tag{3}$$

碰撞後 m_2 的速度 v_{2f} 為

$$v_{2f}=(\frac{2m_1}{m_1+m_2})v_{1i}+(\frac{m_2-m_1}{m_1+m_2})v_{2i} \tag{4}$$

若 m_2 在碰撞前為靜止則碰撞前後的動能分別為

$$K_i=\frac{1}{2}m_1v_{1i}^2+0=\frac{p_i^2}{2m_1} \text{ ， } K_f=\frac{p_{1f}^2}{2m_1}+\frac{p_{2f}^2}{2m_2} \tag{5}$$

其中 p_i 是碰撞前系統總動量，p_{1f} 和 p_{2f} 分別是碰撞後物體 1 和 2 的動量。

若碰撞後兩物體連接在一起，稱為完全非彈性碰撞。在本實驗中碰撞前 m_2 為靜止，m_1 的速度為 v_{1i}，碰撞後兩物體合而為一的運動速度為 v_f，則由水平方向動量守恆可得

$$m_1v_{1i}+0=\left(m_1+m_2\right)v_f \quad \Rightarrow \quad v_f=\frac{m_1}{m_1+m_2}v_{1i} \tag{6}$$

碰撞前後動能分別為

$$K_i=\frac{1}{2}m_1v_{1i}^2+0=\frac{p_i^2}{2m_1} \text{ ， } K_f=\frac{1}{2}\left(m_1+m_2\right)v_f^2=\frac{p_f^2}{2\left(m_1+m_2\right)} \tag{7}$$

步　驟

一、完全非彈性碰撞

1. 將雙軸水平儀置於軌道的中央，調整軌道下腳座的高度使雙軸水平儀中的氣泡落在正中央，這即表示軌道已達到水平狀態。
2. 調整光電管的高度和滑車上的旗標同高。
3. 碰撞的程序如下：將 m_2 靜置於軌道中央，使 m_1 從第 1 支光電管左邊向右移動經過光電管與 m_2 碰撞並結合在一起，兩者同時繼續往右移動經過第 2 支光電管。
4. 準備就序，按計時器面板：【首頁選單】→【6】→【設定】→【啟動】。接著以水平之衝力用手輕推 m_1 完成步驟 3 之碰撞程序，碰撞結束後按【停止】。
5. 量取 m_1 之旗標寬度 ℓ_1，m_2 之旗標寬度 ℓ_2，則 $v_{1i}=\dfrac{\ell_1}{t_{1i}}$，$v_{1f}=v_{2f}=v_f=\dfrac{\ell_2}{t_{2f}}$。
6. 時間 t_{1i} 為滑車 m_1 碰撞前經過第 1 支光電管之時間，此時間可在螢幕面板上讀取（光電門 1 第 1 次時間）。
7. 時間 t_{2f} 為滑車 m_2 經過第 2 支光電管的時間，此時間也可在螢幕面板上讀取（光電門 2 第 1 次時間）。
8. 依次取重滑車碰輕滑車，輕碰重，輕碰輕各做一次。

二、彈性碰撞

1. 將一滑車裝上橡皮筋，另一滑車則裝上檔板插銷。
2. 調整光電管的高度和滑車上的旗標同高。
3. 碰撞的程序如下：將 m_2 靜置於軌道中央，使 m_1 從第 1 支光電管左邊向右移動經過光電管與 m_2 作彈性碰撞，m_2 碰撞後繼續往右移動經過第 2 支光電管(2.1)。若 $m_1>m_2$ 則 m_1 碰撞後也會繼續往右移動經過第 2 支光電管(2.2)；若 $m_1<m_2$ 則 m_1 碰撞後會反彈往左移動再次動經過第 1 支光電管(1.2)。
4. 準備就序，按計時器面板：【首頁選單】→【6】→【設定】→【啟動】。接著以水平之衝力用手輕推 m_1 完成步驟 3 之碰撞程序，碰撞結束後按【停止】。
5. 注意：不能讓滑車 m_1 或 m_2 去碰撞軌道兩端而反彈回來，滑車碰撞後經過光電管後要適時的拿開，以不干擾計時為原則。

6. 量取 m_1 的旗標寬度 ℓ_1，m_2 的旗標寬度 ℓ_2，則 $v_{1i}=\dfrac{\ell_1}{t_{1i}}$，$v_{1f}=\dfrac{\ell_1}{t_{1f}}$，$v_{2i}=0$，$v_{2f}=\dfrac{\ell_2}{t_{2f}}$。
7. 時間 t_{1i} 為滑車 m_1 碰撞前經過第 1 支光電管之時間，此時間可在螢幕面板上讀取（光電門 1 第 1 次時間）。
8. $m_1>m_2$ 的情形：時間 t_{1f} 為滑車 m_1 經過第 2 支光電管的時間（第 2 次通過），此時間可在螢幕面板上讀取（光電門 2 第 2 次時間）。
9. $m_1<m_2$ 的情形：時間 t_{1f} 為滑車 m_1 反彈經過第 1 支光電管的時間（第 2 次通過），此時間可在螢幕面板上讀取（光電門 1 第 2 次時間）。注意：滑車的速度向右取正，反彈滑車的速度向左取負。
10. 時間 t_{2f} 為滑車 m_2 先經過第 2 支光電管的時間，此時間可在螢幕面板上讀取（光電門 2 第 1 次時間）。
11. 依次取重滑車碰輕滑車，輕碰重，輕碰輕各做一次。
12. 在輕碰輕的碰撞中，碰撞後 m_1 的速率可能幾乎靜止不動，而不會繼續通過第 2 支光電管，則在實驗報告中記錄 $t_{1f}=\infty$，亦即 $v_{1f}=0$。

實驗

07

碰撞實驗

班級：　　　　學號：　　　　姓名：

日期：　　　　組別：　　　　同組同學：

記錄與分析

※實驗數據以 CGS 制記錄。

一、完全非彈性碰撞

$\ell_1 =$ ______________ (cm)，$\ell_2 =$ ______________ (cm)。

1. 計算碰撞前後的速度

碰撞質量類別	m_1 (g)	m_2 (g)	t_{1i} (s)	t_{2f} (s)	$v_{1i} = \frac{\ell_1}{t_{1i}}$ (cm/s)	$v_f = \frac{\ell_2}{t_{2f}}$ (cm/s)
重輕						
輕重						
輕輕						

2. 計算碰撞前後的動量與動能($K_i = \frac{1}{2}m_1V_{1i}^2$ ，$K_f = \frac{1}{2}(m_1 + m_2)V_f^2$)

碰撞質量類別	$p_i = m_1v_{1i}$ (g · cm/s)	$p_f = (m_1 + m_2)v_f$ (g · cm/s)	$\frac{\lvert p_f - p_i \rvert}{p_i} \times 100\%$	$\frac{\lvert K_f - K_i \rvert}{K_i} \times 100\%$
重輕				
輕重				
輕輕				

二、彈性碰撞

m_1（重）= ____________ (g)，m_1（輕）= ____________ (g)。

m_2（重）= ____________ (g)，m_2（輕）= ____________ (g)。

ℓ_1 = ____________ (cm)，ℓ_2 = ____________ (cm)。

1. 計算碰撞前後的速度

碰撞質量類別	t_{1i} (s)	t_{1f} (s)	t_{2f} (s)	$v_{1i}=\frac{\ell_1}{t_{1i}}$ (cm/s)	$v_{1f}=\frac{\ell_1}{t_{1f}}$ (cm/s)	$v_{2f}=\frac{\ell_2}{t_{2f}}$ (cm/s)
重輕						
輕重						
輕輕						

2. 計算碰撞前後的動量與動能（$K_i=\frac{1}{2}m_1V_{1i}^2$，$K_f=\frac{1}{2}m_1V_{1f}^2+\frac{1}{2}m_2V_{2f}^2$）

碰撞質量類別	$p_i=m_1v_{1i}$ (g．cm/s)	$p_f=m_1v_{1f}+m_2v_{2f}$ (g．cm/s)	$\frac{\lvert p_f-p_i\rvert}{p_i}\times100\%$	$\frac{\lvert K_f-K_i\rvert}{K_i}\times100\%$
重輕				
輕重				
輕輕				

討論

實驗
08 轉動慣量測定與角動量守恆

目　的

一、測定物體（圓環和圓盤）繞質量中心軸旋轉的轉動慣量，並與理論值作比較。
二、驗證角動量守恆定律。

儀　器

個人電腦、GLX 模擬程式(Xplorer GLX Simulator)、USB 數據收集連接器(PS-2100A)、轉動慣量測量裝置主體（A 型底座、旋轉主軸、旋轉感應器、ㄇ形固定架、滑輪組、3-階輪軸、O-ring 各一個）、待測物（圓盤和圓環各一個）、掛鉤、砝碼、秤、游標尺、直尺。

原　理

一、轉動慣量測定

理論上，圓環轉動慣量 I 可以寫成

$$I=\frac{1}{2}M(R_1^2+R_2^2) \tag{1}$$

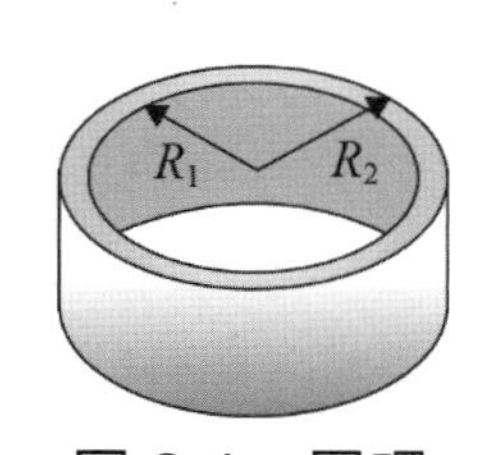

圖 8-1　圓環

其中 M、R_1 和 R_2 分別是圓環的質量、內半徑和外半徑，如圖 8-1 所示。圓盤的轉動慣量可以表示為

$$I=\frac{1}{2}MR^2 \tag{2}$$

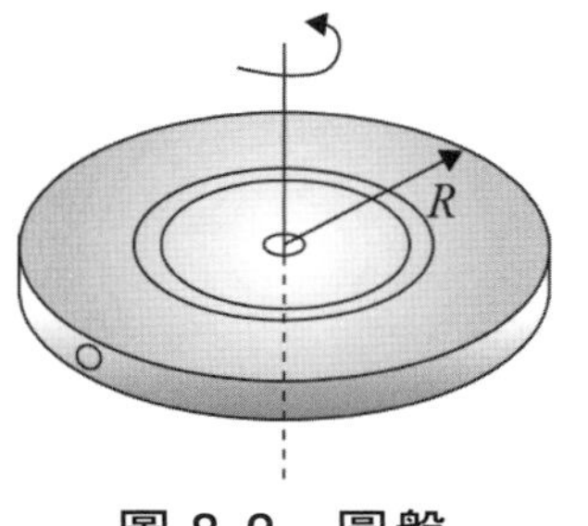

圖 8-2　圓盤

其中 M 和 R 分別代表圓盤的質量和半徑，如圖 8-2 所示。

實驗上，要測量圓環和圓盤的轉動慣量是對圓環和圓盤施以力矩 τ ，然後測量所導致的角加速度 α 。因為 $\tau = I\alpha$ ，所以

$$I = \frac{\tau}{\alpha} \tag{3}$$

其中 τ 的來源可以分成兩部分，其中之一是纏繞（半徑 r 之）輪軸並懸吊重物（掛鉤加上砝碼）的細繩張力 T 所造成的力矩 $\tau_T = rT$ ，另一個是摩擦阻力所造成的力矩 τ_f ，此力矩可經由實驗測得，當去除繩之張力狀況下，自由旋轉時，可測得逐漸變慢的角加速度 α_f （負值），根據式(3)可知 $\tau_f = I\alpha_f$ ，因此 $\tau = \tau_T + \tau_f = rT + I\alpha_f$ ，代入式(3)可得

$$I = \frac{\tau}{\alpha} = \frac{rT + I\alpha_f}{\alpha} \Rightarrow I = \frac{rT}{\alpha - \alpha_f} \tag{4}$$

而細繩的線加速度 $a = \alpha r$ ，運用牛頓第二運動定律（如圖 8-3 所示）可得

$$mg - T = ma = m\alpha r \Rightarrow T = m(g - \alpha r) \tag{5}$$

其中 m 是掛鉤加上砝碼的質量，將式(5)代入式(4)即得

$$I = \frac{r\,m(g - \alpha r)}{\alpha - \alpha_f} \tag{6}$$

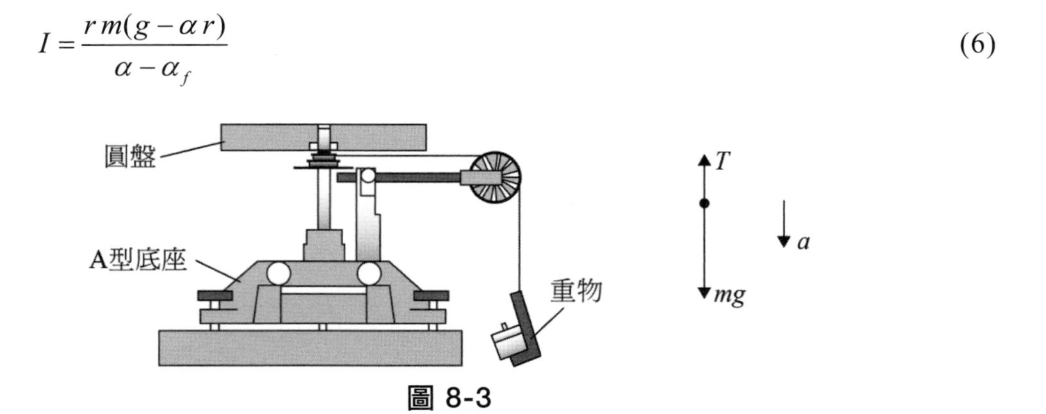

圖 8-3

二、角動量守恆

把一個沒有在轉動的圓環自由落下到一個轉動的圓盤上，因為系統沒有外力矩作用，所以總角動量不會發生改變，也就是角動量(L)守恆，

$$L = I_i \omega_i = I_f \omega_f$$

其中I_i是初轉動慣量，ω_i是初角速度，I_f是末轉動慣量，ω_f是末角速度。

步　驟

一、轉動慣量測定

1. 計算轉動慣量理論值的相關測量

(1) 用秤測量圓盤、圓環、掛鉤及砝碼的質量。

(2) 用直尺測量圓盤直徑、圓環內外直徑，並除以 2 以獲得半徑 R、R_1和 R_2。

(3) 用游標尺測量旋轉台中間輪軸（繞線的輪軸）的直徑並除以 2 以獲得半徑 r。

圖 8-4　儀器組裝

2. 儀器組裝與設定

(1) 組裝儀器如圖 8-3、圖 8-4 所示。

(2) 將旋轉感應器經由 USB 連接器(PS-2100A)連接到電腦。

(3) 啟動電腦桌面上的 GLX 模擬程式，並設定 GLX：按(⌂)回首頁→按 F4 選擇感應器，設定旋轉感應器如下：

Sample Rate Unit	samples/s
Sample Rate	50
Reduce/Smooth Averaging	off
Linear Position Scale	Lg,Pulley(Groove)
Zero Automatically On Start	On
Angular Position	Not Visible
Angular Velocity	Visible
Angular Acceleration	Not Visible
Linear Position	Not Visible
Linear Velocity	Not Visible
Linear Acceleration	Not Visible

完成後，按(⌂)回首頁，再按 F1 選擇 Graph。此時，畫面顯示的圖的縱軸和橫軸分別是 Angular Velocity（角速度）和 Time（時間）（注意：語言必須設定成英文，切勿自行變更設定成中文，以免在某些情況下部分數字的顯示會超出螢幕範圍，無法正確判讀）。

3. 轉動慣量實驗值的測量

(1) 測量繩張力作用下「旋轉台+圓盤+圓環」的角加速度 α 。

(a) 把圓盤和圓環放在旋轉台上。放置恰當的砝碼於掛鉤上，當釋放後，掛鉤會下降並帶動旋轉台旋轉，按(▶)（開始／停止）鍵，會開始記錄角速度對時間的圖，再按(▶)一次就會停止記錄。

(b) 按工具選單(F3)，選擇 Linear Fit，每按 Swap Cursors 一次可改變虛線方框為調左端或調右端，調整虛線方框兩端以選取代表掛鉤加速下降時的直線部分，畫面中會有一直線去擬合這部分的斜率，最佳擬合線的斜率就是旋轉的角加速度（畫面左下角出現的 Slope 的值即是）。

(2) 測量繩張力作用下「旋轉台+圓盤」的角加速度 α 。

移除圓環僅剩圓盤在旋轉台上，並重複上述(1)的步驟。

(3) 測量繩張力作用下旋轉台的角加速度 α 。

再移除圓盤，只剩旋轉台，並重複上述(1)的步驟，此狀況時釋放的掛鉤下降可能非常快，可先按 ▶ 鍵以開始記錄，然後釋放，當然還要再按一次 ▶ 鍵以停止記錄。

(4) 在無繩張力作用下，測量旋轉台的角加速度 α_f 。

(a) 將細線繞輪軸整理好，以免妨礙旋轉，按 ▶ 鍵以開始記錄角速度對時間的圖，用手動給旋轉台一個初轉速，角速度會因摩擦力矩的作用而自然下降，等到旋轉停止再按 ▶ 一次以停止記錄。

(b) 按工具選單(F3)，選擇 Linear Fit，每按 Swap Cursors 一次可改變虛線方框為調左端或調右端，調整虛線方框兩端以選取恰當的角速度變化範圍（盡量跟剛才有繩張力作用狀況下的角速度變化範圍相同），畫面中會有一直線去擬合這部分的斜率，最佳擬合線的斜率就是旋轉的角加速度（畫面左下角出現的 Slope 的值即是）。

(5) 在無繩張力作用下，測量「旋轉台+圓盤」的角加速度 α_f 。

將圓盤放上旋轉台，重複上述(4)的步驟。

(6) 在無繩張力作用下，測量「旋轉台+圓盤+圓環」的角加速度 α_f 。

再將圓環放在圓盤上，重複上述(4)的步驟。

二、 角動量守恆

1. 將圓環從圓盤上拿起，用手給「旋轉台+圓盤」一個初角速度，按 ▶ 鍵以啟動 GLX 取數據，用兩手拿著圓環，對正圓盤上的圓環形溝槽（高度不可太高，盡量貼近圓盤，但不可接觸到圓盤），確定對正後，突然均勻的將兩手放開，讓圓環自由落入環形溝槽中。
2. 按 ▶ 鍵以停止取數據。
3. 按下工具選單(F3)，選擇 Smart Tool，移動游標到碰撞前、後瞬間的數據點，記錄初角速度 ω_i 及末角速度 ω_f 。

注意事項

測量前底座圓盤應與感應器圓盤相同水平。

轉動慣量測定與角動量守恆

班級：　　學號：　　姓名：

日期：　　組別：　　同組同學：

記錄與分析

一、轉動慣量測定

轉動慣量理論值

待測物	質量 M (Kg)	內、外半徑 (m)		轉動慣量理論值(Kg · m^2)
圓盤		$R=$		$I_{1s}=0.5\,MR^2=$
圓環		$R_1=$	$R_2=$	$I_{2s}=0.5\,M(R_1^2+R_2^2)=$

轉動慣量實驗值

輪軸半徑 r=__________(m)。

待測物	掛鉤加砝碼質量 m (Kg)	有繩之張力作用下的角加速度 α（ω-t 線斜率）(rad/s^2)	無繩之張力作用下的角加速度 α_f（ω-t 線斜率）(rad/s^2)	轉動慣量 $I=\dfrac{rm(g-r\alpha)}{\alpha-\alpha_f}$ (Kg · m^2)
旋轉台＋圓盤＋圓環				$(I_{012}=I_0+I_1+I_2)$
旋轉台＋圓盤				$(I_{01}=I_0+I_1)$
旋轉台				(I_0)

圓盤的轉動慣量實驗值 $I_1=I_{01}-I_0=$____________ Kg · m^2。

圓環的轉動慣量實驗值 $I_2=I_{012}-I_{01}=$____________ Kg · m^2。

理論與實驗值比較

待測物	百分誤差
圓盤	$\frac{\lvert I_1 - I_{1s} \rvert}{I_{1s}} \times 100\% =$
圓環	$\frac{\lvert I_2 - I_{2s} \rvert}{I_{2s}} \times 100\% =$

二、角動量守恆

角動量守恆實驗記錄

初轉速度 ω_i (rad/s)	末角速度 ω_f (rad/s)	理論末角速度 $\omega_{fs} = \frac{I_{01}\omega_i}{I_{012}}$ (rad/s)	百分誤差 ($\frac{\lvert 實驗值 - 理論值 \rvert}{理論值} \times 100\%$) $\frac{\lvert \omega_f - \omega_{fs} \rvert}{\omega_{fs}} \times 100\% =$

討論

實驗

09

楊氏係數測定（彎曲式）

目　的

測量金屬片在不同撓度狀態下所受到之作用力，記錄並計算出金屬片之楊氏係數。

儀　器

1.鋁製實驗平台。2.可變實驗金屬棒長度固定座。3.金屬片拉推桿。4.拉力感測器固定座。5.待測金屬片（銅片、鋼片）。6.電腦數據擷取器。7.力量感測器。8.電腦。9.游標尺。

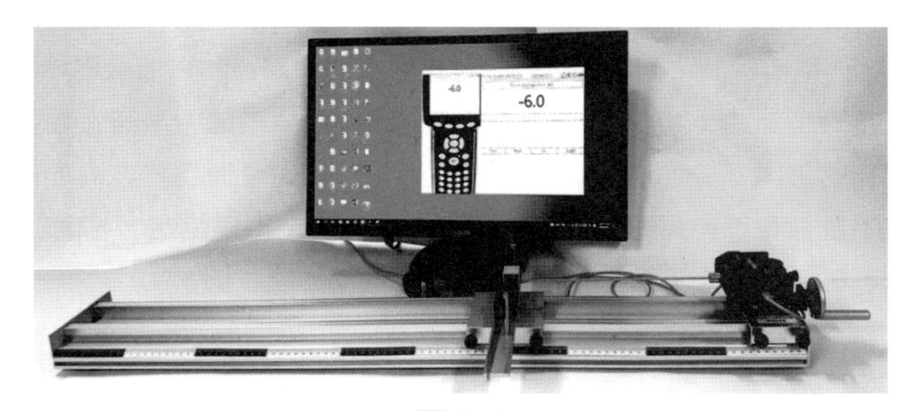

圖 9-1

原　理

在彈性限度內，彈性體受外力作用因而產生形變，其應力 σ（單位面積所受之力）和應變 δ（長度變化量和原長之比）之比為一個常數，稱為該物體的彈性係數。若此外力為垂直於橫截面的拉力或壓力，則此常數稱為楊氏係數(Young's Modulus)。設金屬棒的原長為 ℓ ，截面積為 A，受外力 F 作用後，產生長度變化量 $\Delta\ell$ ，則楊氏係數 Y 為

$$Y = \frac{F/A}{\Delta\ell/\ell} = \frac{\sigma}{\delta} \tag{1}$$

楊氏係數在 CGS 制的單位為 dyne/cm^2 ，MKS 制的單位為 N/m^2 。

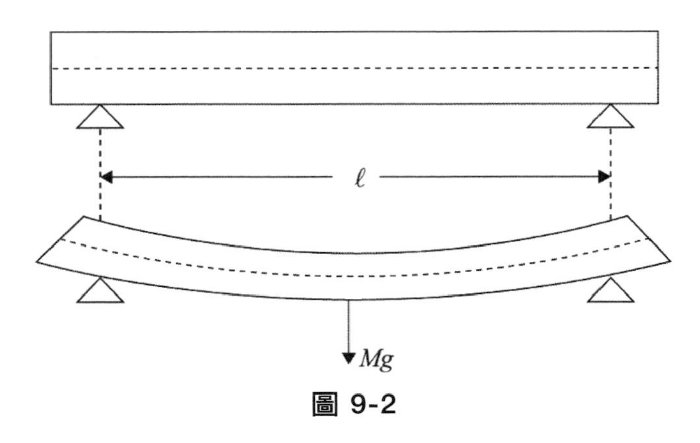

圖 9-2

考慮一材質均勻的矩形金屬棒，水平放置在兩支撐架上，金屬棒的中央受一重力 Mg 作用而彎曲，如圖 9-2 所示。比較水平金屬棒和彎曲金屬棒的橫截面可知，水平金屬棒的上半部分（虛線以上）因受到內壓的力量而在縱方向收縮，水平金屬棒的下半部分（虛線以下）因受到外拉的力量而在縱方向伸長，中央的虛線表不收縮和不伸長的縱向面，稱為中性面。為方便說明，將圖 9-2 的彎曲弧線上下顛倒，如圖 9-3 示，圖 9-4 為其橫截面的座標圖。

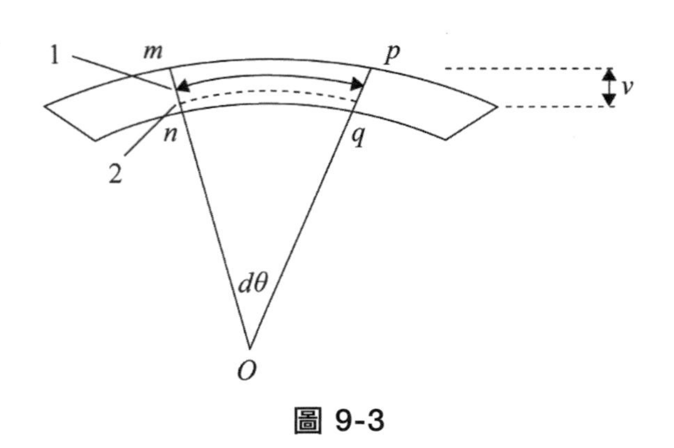

圖 9-3

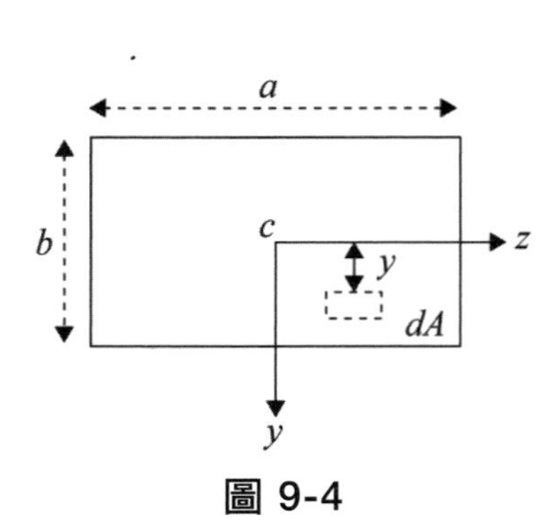

圖 9-4

除了正中央的橫截面外（和作用力 Mg 平行），其餘的橫截面因上下部分分別受壓力和拉力的作用，各轉了某個角度而成為傾斜面，但傾斜面仍和弧線垂直，如圖 9-3 中的 mn 和 pq 兩對稱面。將弧線視為某圓弧線的一部分，則橫截面 mn 和 pq 的延長線交會於圓弧線的曲率中心 O，自 O 點至中性面的距離稱為曲率半徑。中性面和橫截面的交叉線稱為中性軸，在圖 9-3 裡，中性軸為沿著中性面垂直進入紙面的一條直線，即圖 9-4 中的 z 軸，另外正 y 軸方向指向曲率中心，而 x 軸則垂直 yz 平面向上（在圖 9-3 中為沿著縱向和中性面相切）。橫樑受外力作用而彎曲現象，乃應力矩對橫截面作用使其對中性軸轉動，直到反向應力矩增大至與應力矩相抗衡時，橫樑的彎曲即形成。

設橫截面 mn 和 pq 間的夾角為 $d\theta$，中性面在兩橫截面間的長度（圖 9-3 中標號為 1 的弧線）dx，若弧線 1 和曲率中心的距離為 ρ（曲率半徑）則 $dx=\rho d\theta$，也等於兩橫截面在金屬棒尚未彎曲前的距離。距離中性面為 y 的縱向面以弧線 2（圖中虛線）代表，則 x 方向的應變為

$$\delta_x=\frac{(\rho-y)d\theta-dx}{dx}=\frac{(1-y/\rho)dx-dx}{dx}=-\frac{y}{\rho} \tag{2}$$

也就是說，縱向面的應變和距中性面的距離成正比，當 $y>0$ 時（中性面的下方部分）$\delta_x<0$，表示縱向面收縮；當 $y<0$ 時（中性面的上方部分）$\delta_x>0$，表示縱向面伸長。從楊氏係數的定義(1)可知 x 方向的應力為

$$\sigma_x=Y\delta_x=-\frac{Y}{\rho}y \tag{3}$$

公式(3)中的負號表示應力的方向：對 pq 面而言，當 $y>0$ 時應力朝負 x 軸方向，當 $y<0$ 時應力朝正 x 軸方向（注意：橫截面 mn 的 x、z 軸和 pq 的 x、z 軸方向相反），這一對應力形成應力矩使橫截面從原來位置轉動至 pq 的位置。同時由(3)式可知橫樑的頂面及底面所受的應力為最大。

因為沒有沿著縱向面的作用力（外力 Mg 的方向沿著中央橫截面），故橫截面的 x 方向合力為零，也就是

$$\int \sigma_x dA = -\frac{Y}{\rho}\int y dA = 0 \tag{4}$$

這表示橫截面積對 z 軸的一次矩為零（參見圖 9-4），因此 z 軸必通過橫截面的形心 C（形心的定義見本文末尾），換句話說在橫樑的彈性範圍內（y 值固定），中性軸通過橫截面的形心。

由於 σ_x 的正負值和 y 相反且力矩在正 z 軸方向，故對中性軸（z 軸）而言橫截面所受的力矩如下。

$$\tau = \int d\tau = -\int \sigma_x y dA \tag{5}$$

代入(3)式中的應力 σ_x 得

$$\tau = \frac{Y}{\rho}\int y^2 dA = \frac{Y}{\rho} I \tag{6}$$

上式定義橫截面對中性軸的慣性矩為 $I = \int y^2 dA$，故曲率半徑的倒數（曲率）為

$$\frac{1}{\rho} = \frac{\tau}{YI} \tag{7}$$

一般而言，曲率半徑 ρ 和力矩 τ 的大小都與位置有關。

對寬度 a 厚度為 b 的矩形金屬棒而言，慣性矩等於 $I = \frac{ab^3}{12}$；若金屬棒的橫截面為圓形其半徑等於 r，則慣性矩為 $I = \frac{\pi \cdot r^4}{4}$。從公式(7)可知，橫樑彎曲的曲率和力矩 τ 成正比，和楊氏係數及慣性矩的乘積 YI 成反比，不論橫樑彎曲的曲率大小為何，公式(7)恆正確，下面要考慮的情形只適用於彎曲曲度很小的情形。

我們需要求出圖 9-3 中的撓度 v，也就是圓弧線頂端的水平切線和圓弧上任一點的垂直距離，撓度曲線和 xy 座標軸的關係圖見圖 9-5。其中座標原點 O' 位於曲線的頂點。橫樑的中央點受重力 Mg 的作用而彎曲，其效果相當於兩端各受力量 $\frac{1}{2}Mg$ 的作用一樣。

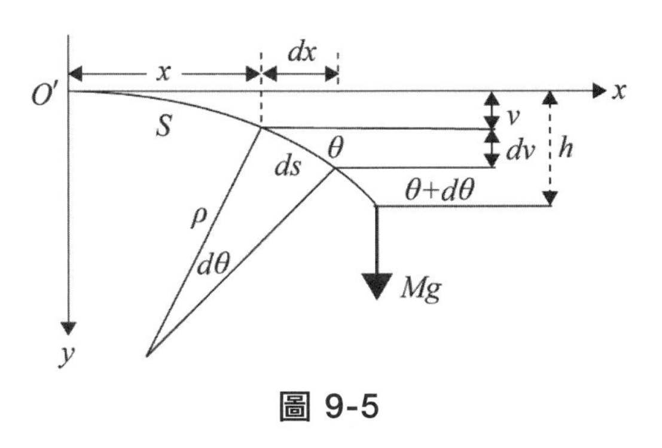

圖 9-5

因為只考慮最大撓度 h 很小的情形，也就是圖 9-5 中的 θ 角很小，這也正是大多數橫樑承受載重時所容許的撓度，也是本實驗中的情形。因此下列的關係成立：

$$\frac{1}{\rho}=\frac{d\theta}{ds}\cong\frac{d\theta}{dx} \tag{8}$$

在小角度的條件下我們有 $\theta\cong\tan\theta=\dfrac{dv}{dx}$，因此曲率半徑的倒數為

$$\frac{1}{\rho}=\frac{d}{dx}(\frac{dv}{dx})=\frac{d^2v}{dx^2}=\frac{\tau}{YI} \tag{9}$$

對 O' 點而言，由於橫截面轉動的角度和 $S(\cong x)$ 成正比，故橫截面所受的力矩為 $\tau=Mgx$，將此力矩代入(9)式並用積分求微分方程式的解可得

$$\begin{aligned}&\frac{d^2v}{dx^2}=\frac{Mg}{YI}x\Rightarrow\\&\frac{dv}{dx}=\frac{Mg}{2YI}x^2\Rightarrow v=\frac{Mg}{6YI}x^3\end{aligned} \tag{10}$$

上面對微分方程式做兩次積分之積分常數都等於零。現在只需要將棒子之長度的一半($x=\ell/2$)代入即可得到最大撓度：

$$h=\frac{Mg}{6YI}(\frac{\ell}{2})^3=\frac{Mg\ell^3}{48YI} \tag{11}$$

最後代入矩形金屬棒的慣性矩 $I=\dfrac{ab^3}{12}$，得楊氏係數為

$$Y=\frac{Mg\ell^3}{4ab^3h}=\frac{F\ell^3}{4ab^3h} \tag{12}$$

其中 $F=Mg$ 為所施外力之大小。

步　驟

1. 實驗系統架設如圖 9-1。首將鋁製實驗平台放置於桌面，如圖 9-6，接著依步驟 2~7，固定各固定座與器材。如已完成系統架設，則可略過。

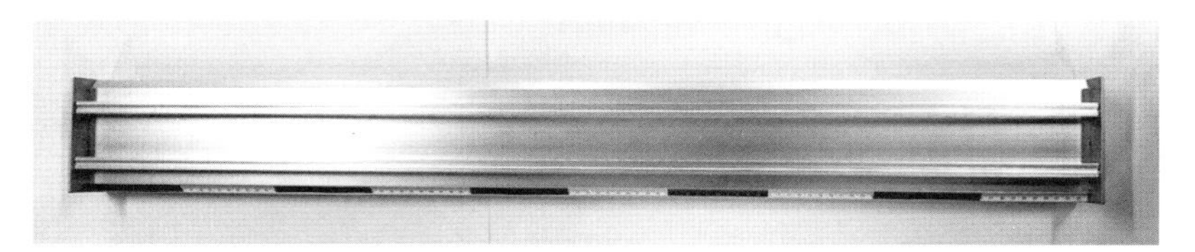

圖 9-6

2. 拉力感測器固定座置於鋁製實驗平台上（如圖 9-7 所示），再將力量感測器（如圖 9-8 中圓圈 1）套在拉力感測器固定座上銀色的金屬柱子（如圖 9-7 中圓圈 1），並鎖緊黑色固定螺絲（如圖 9-8 中圓圈 2）。然後將拉伸桿固定於力量感測器上（如圖 9-8 中圓圈 3）。旋緊固定座之固定螺絲（如圖 9-7 中圓圈 2）。將拉力感測器固定座上之移動平台上之刻線與刻度 0 約略對齊（如圖 9-7 中箭頭處）。完成後將如圖 9-9 所示。

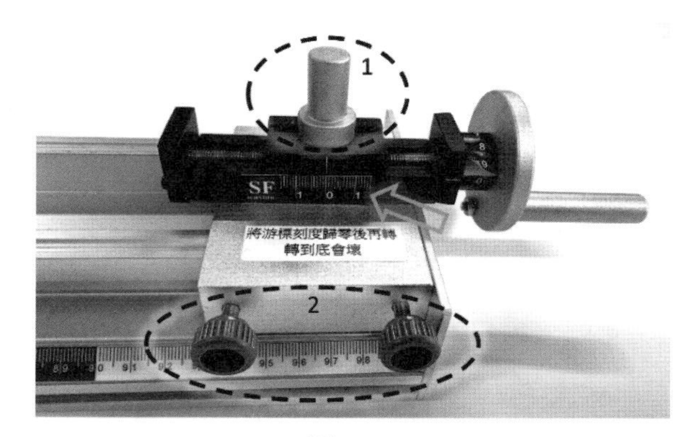

圖 9-7

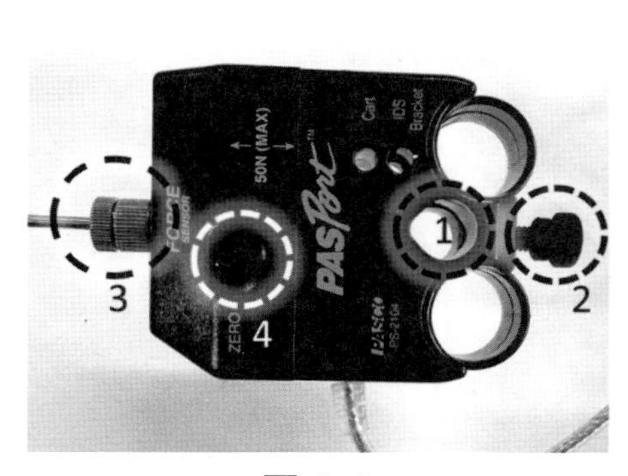

圖 9-8

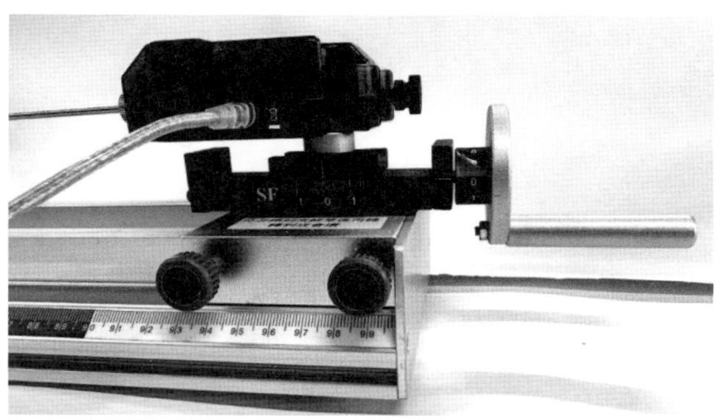

圖 9-9

3. 金屬片固定座置於置於鋁製實驗平台上（如圖 9-10 所示），再將拉桿前端放長方框置在金屬片固定座上黑色方塊的凹槽中（如圖 9-10 中圓圈 1），確保推拉桿前端內含刀口之長方框可以順著凹槽移動。

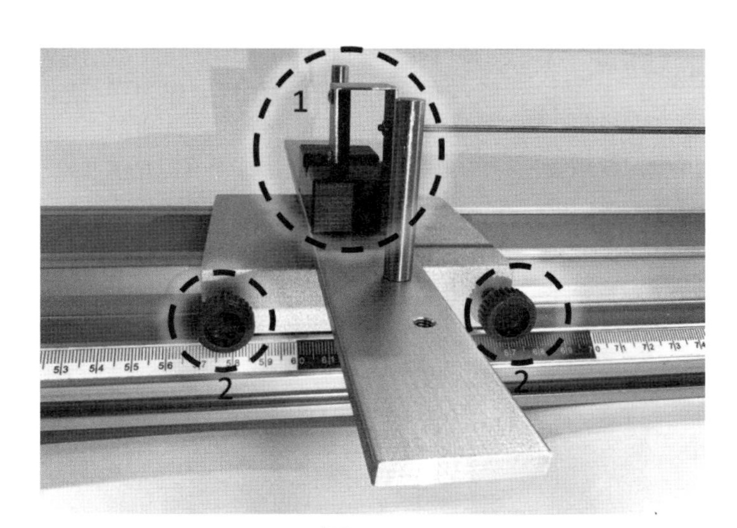

圖 9-10

4. 力量感測器訊號輸出端接上電腦數據擷取器，並將數據擷取器之 USB 端與電腦相接，如圖 9-11 所示。

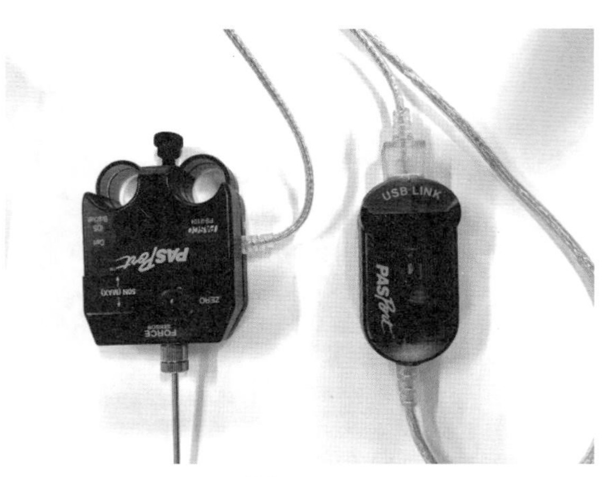

圖 9-11

5. 完成安裝後，先利用游標尺量測金屬片寬度(a)與厚度(b)與兩金屬圓柱中心之間的長度(ℓ)。
6. 將電腦開啟，確定 USB 插頭已插穩電腦的 USB 埠後，開啟電腦上的軟體「Xplorer GLX Simulator」，選擇「數字表」，並勾選「Show Large Screen」，如圖 9-12。進入數字表模式後，畫面將顯示拉力之數值，單位設為牛頓(N)。

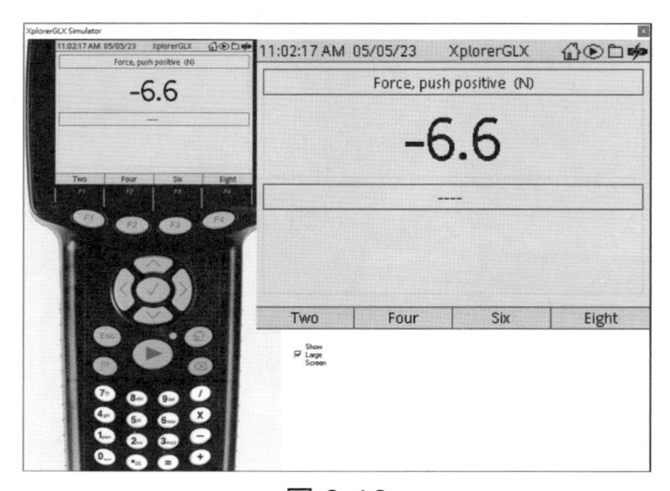

圖 9-12

7. 將待測金屬片穿過拉桿前端長方框內部，並使兩端與金屬片固定座上兩金屬支點圓柱接觸，如圖 9-13。因長期使用下，金屬片可能形變，需調整平台位置使金屬片確實平貼於圓柱，再固定鎖緊金屬片固定座之固定螺絲（如圖 9-10 中圓圈 2），使之固定於平台上。

圖 9-13

8. 旋轉拉力感測器固定座之微動螺桿的手把，使之向後拉動，螺桿上之副尺刻度對準 0（如圖 9-14 中圓圈處）。此時按下感測器上之 ZERO 鍵（如圖 9-8 中圓圈 4），使力量感測器之量測數值歸零。

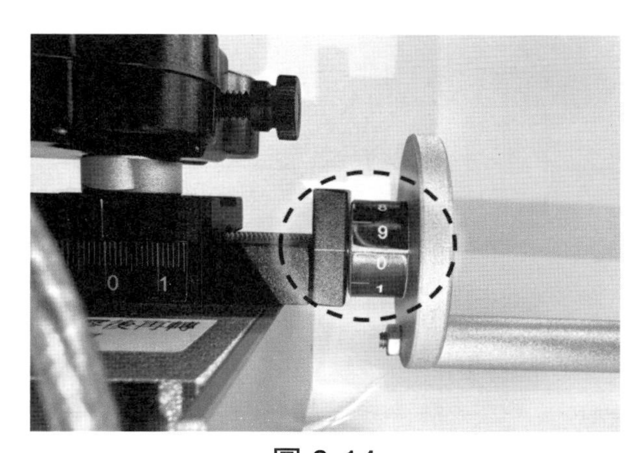

圖 9-14

9. 然後開始旋轉微動螺桿的手把，使拉桿往後拉動金屬片，可發現力量感測器數值大小隨之變大（因為拉力，顯示力量為負值）。每轉一圈等同於 1.0 mm 的長度變化值，也就是撓度變化。將所收集到的力量數值與撓度變化入數據表，即可整理出實驗材料之楊氏係數，並與附表之數值比較。
10. 反向旋轉微動螺桿的手把，放鬆金屬片後更換金屬片，重複上述步驟 7~9。

◎附表：一些物質的彈性係數

楊氏係數 $E \times 10^9$ N/m^2，切變模量 $G \times 10^9$ N/m^2，體彈性規模 $B \times 10^9$ N/m^2。
(1 N/m^2=10 dyne/cm^2)

物質名稱	E (10^9 N/m^2)	G (10^9 N/m^2)	B (10^9 N/m^2)
鋁 Aluminum	70.3	26.1	75.5
鉍 Bismuth	31.9	12.0	31.3
黃銅 Brass (70% Zn, 30% Cu)	100.6	37.3	111.8
鎘 Cadmium	49.9	19.2	41.6
鉻 Chromium	279.1	115.4	160.1
銅 Copper	129.8	48.3	137.8
金 Gold	78.0	27.0	217.0
熟鐵 Iron (soft)	211.4	81.6	169.8
鑄鐵 Iron (cast)	152.3	60.0	109.5
鉛 Lead	16.1	5.59	45.8
鎂 Magnesium	44.7	17.3	35.6
鎳 Nickel (soft)	199.5	76.0	177.3
鎳 Nickel (hard)	219.2	83.9	187.6
鉑 Platinum	168.0	61.0	228.0
銀 Silver	82.7	30.3	103.6
鋼鐵 Steel (mild)	211.9	82.2	169.2
硬化鋼鐵 Steel (tool-hardened)	203.2	78.5	165.2
不鏽鋼 Steel (stainless)	215.3	83.9	166.0
碳化鎢 Tungsten Carbide	534.4	219.0	319.0

Tables of Physical and Chemical Constants, Kaye, G. W. C., & Laby, T. H. 1995

注意事項

1. 力量感知器的負載範圍為正負 50 N（即拉壓各 50 N），請勿超過。
2. 如金屬片已相當緊時，請勿再過度進給，以免斷裂造成傷害。
3. 若金屬片過度拉伸，將可能產生塑性變形，此金屬片將不再適用於實驗上。
4. 實驗中量測測試棒在兩支點間的長度，為支點圓柱中心寬度，並非等同於金屬片長度。

問題

1. 金屬（棒）片受外力矩作用彎曲（在彈性限度內），其中性面的長度有何改變？
2. 承上題，金屬（棒）片的彎曲相當於橫截面繞＿＿＿＿＿＿作小角度的轉動形成的。
3. 屬（棒）片彎曲時，什麼部位所受的應力最大？
4. 金屬（棒）片彎曲時，若無縱向力作用，則中性軸必通過橫截面的什麼位置？

實驗

09 楊氏係數測定（彎曲式）

班級：　　　學號：　　　姓名：

日期：　　　組別：　　　同組同學：

記錄與分析

※所有測量值以 MKS 制填寫。

一、銅尺

銅尺在兩支點間的長度 ℓ=____________(m)；
銅尺寬度 a=____________(m)；
銅尺厚度 b=____________(m)。

撓度 h(m)	$\frac{\ell^3}{4hab^3}(\frac{1}{m^2})$	平均拉力 F (N)	楊氏係數 $\frac{F\ell^3}{4hab^3}$ (10^9 N/m^2)
		楊氏係數平均值	
		與附表彈性係數值之誤差%	

二、鋼尺

鋼尺在兩支點間的長度ℓ=__________(m)；
鋼尺寬度 a=______________(m)；
鋼尺厚度 b=______________(m)。

撓度 h(m)	$\frac{\ell^3}{4hab^3}(\frac{1}{m^2})$	平均拉力 F (N)	楊氏係數 $\frac{F\ell^3}{4hab^3}$ (10^9 N/m^2)
		楊氏係數平均值	
		與附表彈性係數值之誤差%	

討 論

實驗 10

簡諧運動

目　的

從簡諧運動的週期求出彈簧之力常數，並與虎克定律所得相比較。

儀　器

軌道、雙軸水平儀、光電計時器、光電管、支架、彈簧兩條、滑車、砝碼組（100g 砝碼、200g 砝碼座）、細線。

原　理

彈性物體在彈性限度內，形變與外力成正比，稱為虎克定律。對一般的彈簧而言，虎克定律指的乃質點所受的彈簧恢復力大小和位移大小成正比，但兩者方向相反，結果使質點對某一平衡位置作週期性的往復運動，此運動為簡諧運動。若質點的質量為 m，彈簧的力常數為 k，則從牛頓第二定律我們有

$$F=-kx=ma=m\frac{d^2x}{dt^2} \tag{1}$$

整理上式可得微分方程式

$$\frac{d^2x}{dt^2}+\omega^2x=0 \tag{2}$$

其中 $\omega=\sqrt{\frac{k}{m}}$ 為質點振盪之角頻率。上面二次微分方程式之解可寫為

$$x(t) = A\cos(\omega \cdot t + \varphi) \tag{3}$$

其中的常數 A 為簡諧運動的振幅，亦即物體振動之最大位移，另一個常數 φ 稱為相常數，代表物體的初相角。物體振盪的週期 T 和角頻率 ω 的關係為

$$T = \frac{2\pi}{\omega} = 2\pi\sqrt{\frac{m}{k}} \tag{4}$$

因此彈簧的力常數等於

$$k = \frac{4\pi^2 m}{T^2} \tag{5}$$

本實驗的簡諧振盪如圖 10-1 所示，兩條力常數各為 k_1 和 k_2 的彈簧和質量為 m 之滑車並聯，則 $k = k_1 + k_2$ 。

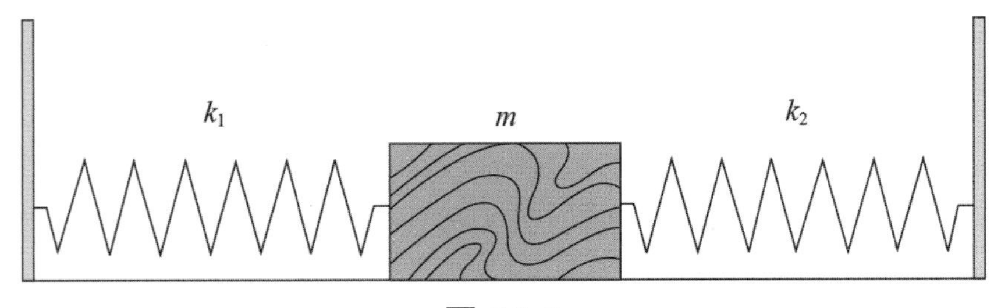

圖 10-1

步　驟

1. 將雙軸水平儀放置在軌道中間，調整軌道下腳座的高度使雙軸水平儀中的氣泡落在正中央，這即表示軌道已達到水平狀態。
2. 取一條彈簧，一端繫於軌道之一端，另一端繫於滑車的左側。再拿一條細線繫住滑車的右側，細線的另一端經過軌道的滑輪並在下端掛一個砝碼座。
3. 加上適量的砝碼（例如 100g）使彈簧伸直，並且和軌道分開以避免額外的摩擦，測量伸直的彈簧長度作為彈簧原長。

4. 接著每次增加 100g 砝碼一個，測量對應的伸長量 x，並代入虎克定律 $k_{1(2)} = W_{1(2)} / x_{1(2)} = m_{1(2)} g / x_{1(2)}$ 中，分別求出兩條彈簧之力常數 k_1 和 k_2。
5. 將上面已測量的兩條彈簧分別繫在滑車的兩側，兩條彈簧的另一端則固定在軌道的兩端，如圖 10-1 所示。
6. 在滑車中央裝上旗標，並調整光電管的高度使滑車經過光電管時偵測桿能擋到紅外線。
7. 利用光電計數器的功能 5，搭配 1 支光電管，操作程序如下：
   【首頁選單】→【5】→【設定】→【40】→【啟動】，俟計次達次數設定值時，即自動停止記錄全部的時間。視窗即顯示平均半週期 $T/2$（等於全部的時間除以次數設定值）。這裡將次數設定為 40，實際上剛好等於來回振動 20 次，相當於 20 個週期。
8. 將滑車從平衡點向左或右移動 14cm，在按下計數器啟動鍵後，放開滑車使其作簡諧振盪，記錄振盪的平均半週期。
9. 依次移動 14、16、18cm 和 20cm（或自行決定）重複測量其平均半週期。
10. 測量滑車的質量 m，由公式(5)，求此二條彈簧之等效力常數 k。

實驗

10 簡諧運動

班級： 學號： 姓名：

日期： 組別： 同組同學：

記錄與分析

測量數值以 CGS 制記錄。

一、力常數 k_1

彈簧原長 ＝ ____________ cm。

砝碼增加的質量 m_1(g)	增加的重量 $W_1 = m_1 g$ (dyne)	伸長量 x_1(cm)	力常數 $k_1 = W_1 / x$ (dyne/cm)
		平均值 $\overline{k_1}$	

二、力常數 k_2

彈簧原長 ＝ ____________ cm。

砝碼增加的質量 m_2(g)	增加的重量 $W_2 = m_2 g$ (dyne)	伸長量 x_2(cm)	力常數 $k_2 = W_2 / x$ (dyne/cm)
		平均值 $\overline{k_2}$	

三、力常數 k

振幅 A(cm)	通過光電管的次數	通過光電管的時間 (s)	半週期 $T/2$(s)	週期 T(s)	質量 m(g)	力常數 $k_{12}=\frac{4\pi^2 m}{T^2}$(dyne/cm)
					平均值 $\overline{k}=$	
					虎克定律所求之 $\overline{k_1}+\overline{k_2}=\overline{k_{12}}=$	

計算百分誤差：$\frac{\left|\overline{k_{12}}-\overline{k}\right|}{\overline{k}}\times 100\%=$ ______________% 。

討 論

實驗

11 表面張力測定實驗

目　的

測量液體的表面張力。

儀　器

Du. Nouy 張力計、金屬圓環、玻璃皿、溫度計、小砝碼（方格紙）、游標測徑器。

原　理

液體表面的分子，因受到液體內分子間內聚力的作用，有一往下淨力使液體表面積收縮到最小，似一有彈性之薄膜，猶如有一彈力存在，此即表面張力，表面張力會隨著溫度的升高而減少。

液體表面有表面張力，所以當我們用一環浸在液體中，再慢慢提到液表以上但未完全脫離液表時，液體表面積將增加，這需要作功，此功等於增加的表面積乘以表面張力。

設環的周長為 ℓ ，由液面至金屬環上提到膜破時的距離為 h，而且因為薄膜有內外兩層，故所作的功 W 為：

$$W = Fh = 2\ell hT \qquad (1)$$

其中 T 為液體表面張力，F 表拉力。所以

$$T = \frac{F}{2\ell} \tag{2}$$

本實驗是利用 Du. Nouy 張力計測液體表面張力，如圖 11-1 所示。

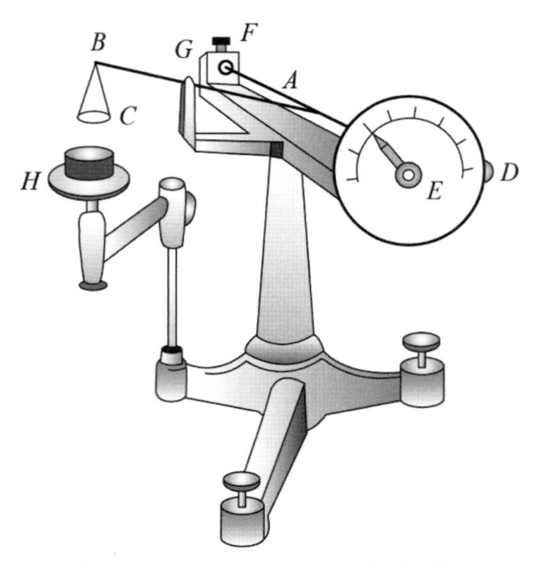

圖 11-1　Du. Nouy 張力計

若已知純水的表面張力 T_1（查表），並測定純水與待測液體相對應的拉力 F_1 與 F_2，則由

$$\frac{T_2}{T_1} = \frac{\frac{F_2}{2\ell}}{\frac{F_1}{2\ell}} \tag{3}$$

可得待測液體的表面張力 T_2 為

$$T_2 = T_1 \frac{F_2}{F_1} \tag{4}$$

步　驟

一、間接測法：利用一已知表面張力的液體（水），測定另一未知液體之表面張力

1. 測量當時的室溫 t°C。
2. 調整 Du. Nouy 張力計之三角架之旋鈕，使之水平。
3. 調整指標 E 使之歸零。
4. 將螺旋 F 放鬆，在 B 桿末端掛上圓環 C，旋轉 G 使 B 桿微蹺起，不要碰到框框，又將 F 旋緊，固定鋼絲 A，以作為測定之起始點。此時 B 桿看來像微量天平，以後不能動 F 或 G 兩旋鈕，否則得重新做。
5. 玻璃皿盛水後置於 H 支持台上，並調整 H 使金屬圓環 C 與液面確實微微接觸。
6. 旋轉螺旋 D，使鋼絲生一扭力，緩緩將金屬環提離液面，至金屬圓環離開液面為止，記錄此時旋轉角度 θ_1，重複數次，求平均值。
7. 將玻璃皿內換成待測液體，重複步驟 5 和 6，測得旋轉角度 θ_2。
8. 利用力矩 $\tau = rF = \kappa\theta$，即扭力 F 與旋轉角度 θ 成正比，$\dfrac{F_2}{F_1} = \dfrac{\theta_2}{\theta_1}$，所以 $T_2 = T_1 \dfrac{\theta_2}{\theta_1}$。查出純水在溫度 t°C時之表面張力，代入上式求 T_2。

二、直接測法：直接測水之表面張力

1. 記下指針 E 歸零時，B 桿在框框內之位置定為零點，此時圓環仍留在 B 桿末端。
2. 取質量相同之小紙片當砝碼，設法求出每張紙片之質量（利用多張如 20、40…求其平均值）。
3. 將 1 張紙片置於圓環上，見 B 桿下垂，旋轉 D，使 B 桿回到零點，記錄 E 之刻度 θ。
4. 如上放 2 張、3 張…紙片，每次記錄 E 之刻度 θ，直到大於上述間接測量法步驟 6 中之角度 θ_1。

5. 以張數為縱座標，旋轉角度 θ 為橫座標作圖於方格紙，可得通過原點而最近所有點之直線。
6. 在上圖中，將先前測水張力所得之旋轉平均角度 θ_1 畫出，往上畫一垂直線，與圖中直線相交，而後向左畫，交於 y 軸，利用內插法，得出 θ_1 角度時鋼絲的扭力相當於多少張的紙重。
7. 每張紙片的質量 m 克，重量 $W=mg$ 達因。根據上一步驟的結果計算拉力 F 以達因表之。
8. 測出圓環的內半徑 r 及外半徑 R，則圓環周長 $\ell=2\pi(\frac{r+R}{2})$，代入 $T=\frac{F}{2\ell}$ 即得水的表面張力。

注意事項

1. 同樣測水的 θ_1，每組所測得的數，一般說來，將與別組的不同，即便使用同一組張力計，也可能因使用的環大小不同，或因旋轉 G 的鬆緊不同而不同。
2. 做直接測量水的表面張力時，要求 θ_1 相當於多少張紙的重量時，要由方格圖中直接畫出（取到小數一位），而不是利用表格算出。

◎ 附表一：水之表面張力（dyne/cm）

溫度°C	0	5	10	15	20	25	30	40	60	80
表面張力	74.64	74.92	74.22	73.49	72.75	71.97	71.18	69.59	66.18	62.61

◎ 附表二：液體之表面張力（dyne/cm）（20℃）

物質	酒精	乙醚	甘油	石油
表面張力	22.3	16.5	63.4	26.0

預 習

1. 實驗中，表面張力$T=\dfrac{F}{2\ell}$，ℓ 代表圓環的周長或直徑？為什麼分母要乘以 2？
2. 在間接測量中，我們利用到$\dfrac{T_1}{T_2}=\dfrac{F_1}{F_2}=\dfrac{\theta_1}{\theta_2}$，是利用扭力 F 與旋轉角度θ成__________關係。
3. 在直接測量水表面張力中，如果你所作的張數對角度θ的關係圖為一條通過原點的直線，則表示扭力F與旋轉角度θ成__________關係。
4. 如何測出當砝碼用的小紙張每張的質量？例如取四大張白報紙測得質量 M 克，並將每大張分成 16 等分，則每小張__________克。

表面張力測定實驗

班級：　　學號：　　姓名：

日期：　　組別：　　同組同學：

記錄與分析

一、間接測法：已知純水之表面張力，測其他液體之表面張力

室溫 $t=$ ______ °C。

待測液體	角度 θ						表面張力
	1	2	3	4	5	平均	T dyne/cm
純水							查表

二、直接測法：直接測量水的表面張力

張數	1	2	3	4	5	6
θ						

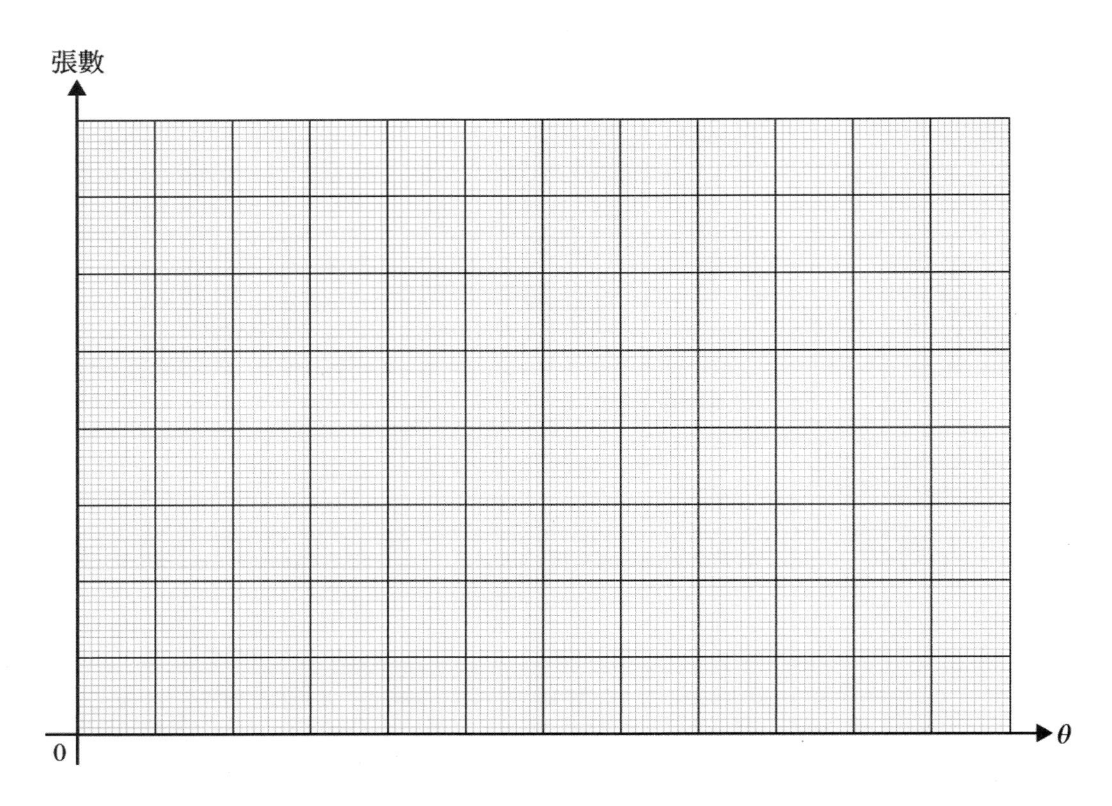

水的旋轉角度 θ_1 相當於__________張紙之重量，每張紙質量__________克，故 F=__________達因，圓環周長 ℓ = __________公分，故水的表面張力 $T = \frac{F}{2\ell}$ = __________達因／公分，與查表所得比較，其百分誤差=__________。

討論

實驗

12 氣柱共鳴

目　的

使用聲源信號產生器在共鳴管中共鳴以測定聲音在空氣中傳播之速度。

儀　器

信號產生器、共鳴管、示波器、氣溫計。

原　理

聲波在空氣中傳播之方程式如下：

$$v = f \cdot \lambda$$

其中 v 是傳聲速度，f 是聲源頻率，λ 是聲波波長。

在本實驗中，頻率 f 是由信號產生器輸出，波長 λ 由共鳴管內氣柱長度決定，即相鄰兩共鳴氣柱長度為半個波長（如圖 12-1 所示），再乘以 2，即得波長 λ，頻率乘以波長就是傳聲速度。

聲波在空氣中的傳播速度（公認值），一般可使用簡化過的下列方程式表示：

$$v_t = 331.4 + 0.6\,t$$

單位是 m/s，上式中，v_t 是在 t°C 時，聲音的傳播速度；331.4 是 0°C 時的聲速；t 是測量時空氣的攝氏溫度。

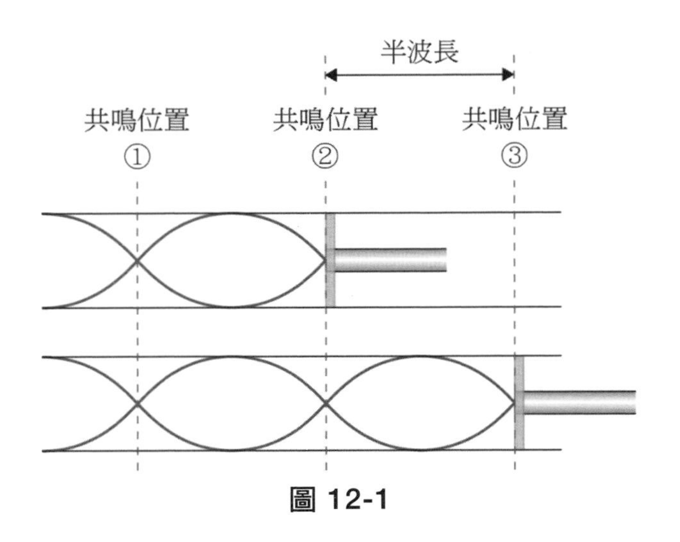

圖 12-1

步　驟

1. 聲源信號產生器接上電源；共鳴管拉桿末端之導線，接到示波器上。
2. 聲源信號產生器打開開關，波形選擇紐選擇正弦波，頻率選擇紐先選擇約 1,000Hz，音量控制紐選擇在適當位置。
3. 移動拉桿，先使空氣柱接近 0 的位置，再慢慢移動拉桿使空氣柱增長，一面觀察接收示波器上振幅至最大，此時即為第一共鳴位置，記錄此時空氣柱長度的刻度指示。
4. 繼續移動拉桿，尋找第二、第三、第四…等之共鳴位置，並記錄之。
5. 相鄰兩共鳴位置的刻度差即為聲波半波長，再乘以 2 得波長，代入程式，求得聲速。
6. 將聲源頻率調整約為 1,500Hz 或 2,000Hz，如上述步驟 3、4 及 5，可得另一組共鳴位置。
7. 測量實驗當時空氣中的溫度，算出該溫度聲速的公認值。
8. 比較實驗與這公認值，並算出其百分誤差。

氣柱共鳴

班級：　　　　學號：　　　　姓名：

日期：　　　　組別：　　　　同組同學：

記錄與分析

共鳴位置 ╲ 頻率 f	D1 (cm)	D2 (cm)	D3 (cm)	D4 (cm)	D5 (cm)	D6 (cm)
Hz						
Hz						
Hz						

相鄰共鳴位置相減 ╲ 頻率 f	D2-D1 (cm)	D3-D2 (cm)	D4-D3 (cm)	D5-D4 (cm)	D6-D5 (cm)	平均半波長 $\lambda/2$(cm)	平均波長 λ(cm)	聲速 v (m/s)
Hz								
Hz								
Hz								

平均聲速=＿＿＿＿＿m/s。

溫度 t =＿＿＿＿＿°C。

理論值 $v_t = 331.4 + 0.6\,t$ =＿＿＿＿＿＿＿＿m/s。

百分誤差 $\dfrac{|v - v_t|}{v_t} \times 100\,\%$ =＿＿＿＿＿＿＿＿%。

討論

實驗 13

熱電動勢

目　的

觀測熱電現象。

儀　器

電位計、加熱鍋、杯子 3 個（分別當溫水槽、冰水槽、盛水調配杯）、熱電偶線、溫度計。

原　理

熱電現象是當兩不同材料之導體的兩端分別相接，且接合處分別處於不同溫度時（如圖 13-1），則有一電動勢推動電流繞此迴路。此結構稱為熱電偶，此電動勢稱為熱電動勢。

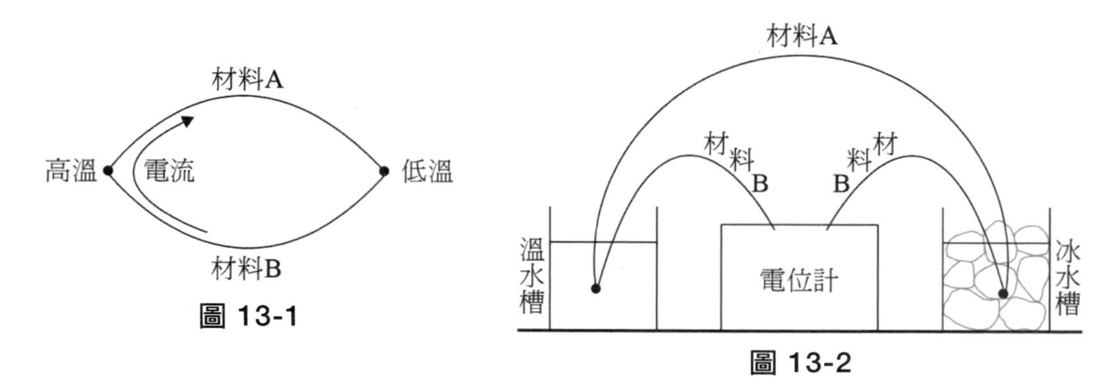

圖 13-1　圖 13-2

產生熱電動勢的原因是導體內的自由電子密度隨溫差而變，且隨不同材料而異。因此在交接處，電子經擴散作用（非靜電力）及靜電力的平衡，而形成淨電荷的分布，也就形成電場與電位差，同樣地，即使在同一導體內，亦因溫度之不同，而形成淨電荷之分布，也可形成電場與電位差，若兩接合端處於相同溫度時，則由對稱關係知無淨電動勢，反之則有淨電動勢。

為了測量此電動勢，必須把熱電偶電路之某處拆開，並接至電位計，因此形成兩個新接點，但如果兩個新接點處於同一溫度，則不致影響該電路之總電動勢。圖 13-2 顯示一種正確的接法。

使參考接點之溫度保持固定（例如冰水槽內），則熱電動勢會隨測試接點的溫度而變（例如溫水槽內），這事實使得熱電偶可當成溫度計來使用，這是它目前的主要用途，其優點在於測試接點的熱容量小，很快就與待測系統達成熱平衡，因此容易追蹤溫度變化，又其測量範圍可以相當廣（可用高熔點金屬），而且可以線狀彎曲深入至不易接觸到的地方以測量其溫度。

步　驟

1. 將儀器裝置如圖 13-2 所示。
2. 參考端溫度為冰水槽之溫度，當測試接點亦移入冰水槽時，檢驗電位計是否讀數為零，若不是則歸零之。
3. 將測試接點伸入溫水槽，並利用熱水、自來水或冰水加入溫水槽，以調配出不同的溫度，可用溫度計量取其溫度，並從電位計讀取讀數。
4. 依數據繪出熱電動勢 ε 與測試接點攝氏溫度 T 的關係圖，並以一直線大致貫穿數據點（不是一點一點連接）。並分析其間函數關係。
5. 若有其他相對材料，可重複上述步驟。

問　題

(　)1. 下列何者與產生熱電動勢無關？　(1)兩不同材料導體　(2)自由電子密度　(3)溫差　(4)擴散作用及淨電力的平衡　(5)連至電位計之兩個新接點。

熱電動勢

班級：　　　　學號：　　　　姓名：

日期：　　　　組別：　　　　同組同學：

記錄與分析

參考端溫度 T_0 = ______ °C 。

測試端溫度 T(℃)	熱電動勢 ε(mV)

ε (mV)

T(°C)

−10　10　20　30　40　50　60　70　80　90　100　110

（若不夠用，可自行擴充）

本實驗溫度範圍下，大致上有 $\varepsilon = a(T - T_0)$ 之關係， a= ____________ 。

討 論

實驗

14 三用電表的使用

目　的

了解三用電表的基本原理並熟悉其使用方法。

儀　器

三用電表、直流電源、電阻、連接線。

原　理

一、檢流計

圖 14-1 所示為檢流計（或稱電流計）的結構簡圖，主要包括永久磁鐵和可動線圈，當電流通過可動線圈時，由於永久磁鐵之磁場的影響，線圈受磁力作用，產生力矩，繞軸偏轉，螺線彈簧則提供一個與偏轉方向相反的恢復力矩。當這兩個方向相反的力矩互相抵消時，線圈即可保持平衡。理論上可推導得此可動線圈（或其上所附之指針）的偏轉角度 θ 與通過之電流 i 成正比，即

$$\theta = ki \qquad (1)$$

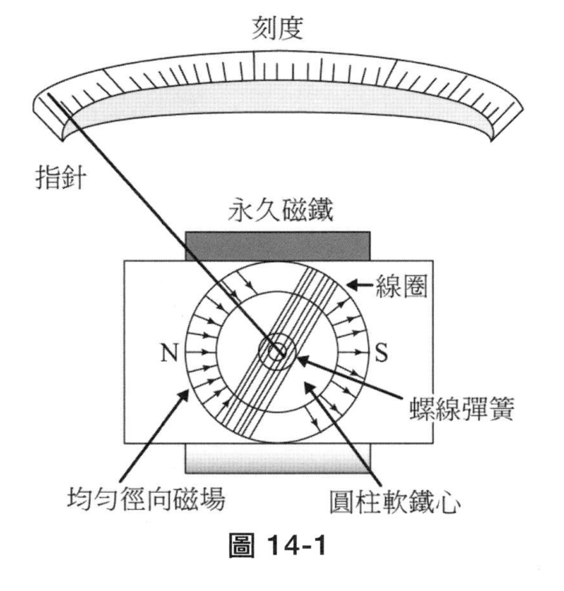

圖 14-1

因此，我們可從檢流計指針偏轉的角度讀出電流的大小。

檢流計只能測量較小的電流，一般使用的安培計或伏特計都是將檢流計改裝而成的。

二、安培計

安培計的構造是將高靈敏度的檢流計與一低電阻（分流電阻）並聯而成，使用時須與待測電路串聯，如圖 14-2 所示。若檢流計的內電阻為 R_g ，能容許通過的最大電流為 i_g（此時檢流計指針達到最大運轉），欲將其改裝成能測試較大電流範圍 i 的安培計時，則須並聯一個低的分流電阻 R_s，使得大部分的電流 i_s $(=i-i_g)$通過分流電阻 R_s，由圖 14-2 可知

$$i_s R_s = i_g R_g \tag{2}$$

$$\therefore R_s = \frac{i_g}{i_s} R_g = \frac{i_g}{i-i_g} R_g \tag{3}$$

例如一個內電阻為 200Ω 的 1mA 檢流計，欲將其測試範圍擴大為 250mA ，則須並聯一個 200/249Ω 的分流低電阻。

調整分流電阻 R_s 的大小，可以獲得數種不同測試範圍的安培計，如圖 14-3 所示。

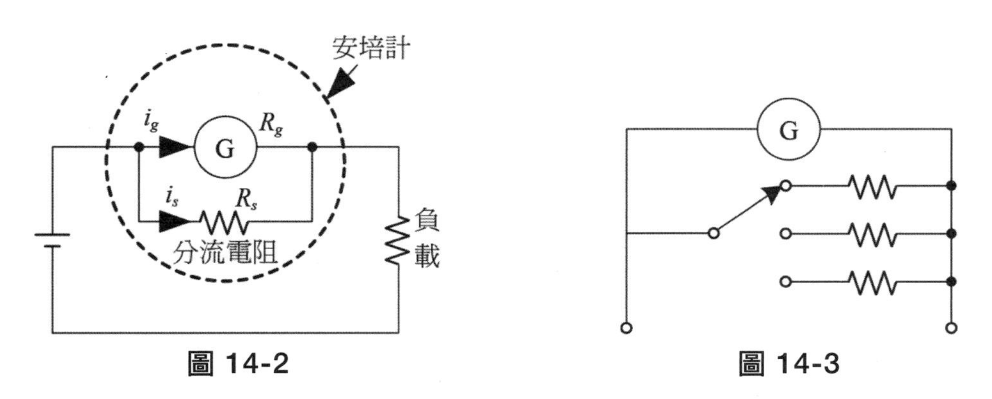

圖 14-2　　圖 14-3

三、伏特計

伏特計的構造是將檢流計與一高電阻串聯而成，使用時須與待測電路並聯，如圖 14-4 所示。如果檢流計的內電阻為 R_g ，指針達到最大偏轉時的電流為 i_g，欲

將其改裝成測試範圍為 V 的伏特計時，其所須串聯的高電阻 R_m ，由圖 14-4 得知，此時伏特計兩端總電位差 V 為高電阻兩端電位差和檢流計兩端電位差的和，即

$$V = i_g R_m + i_g R_g \tag{4}$$

$$\therefore R_m = \frac{V - i_g R_g}{i_g} \tag{5}$$

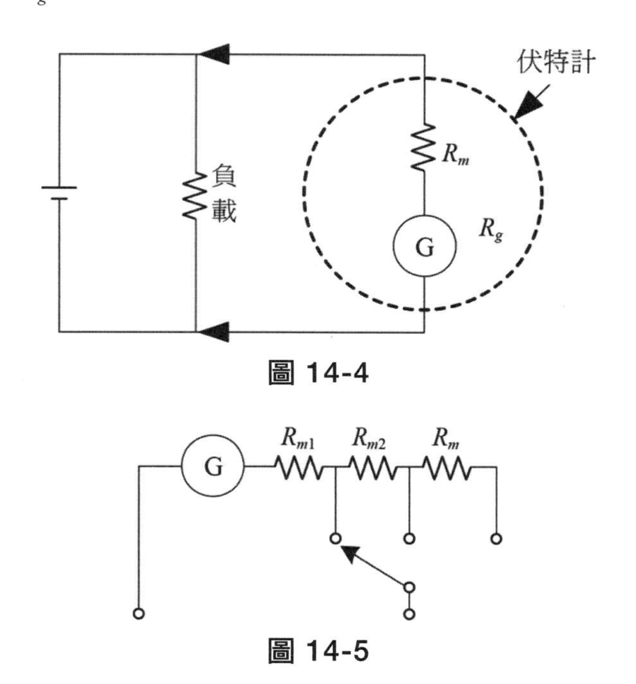

圖 14-4

圖 14-5

例如一個內電阻 200Ω 的 1mA 檢流計，欲改為最大偏轉為 10V 的伏特計時，須串聯一個 9800Ω 的高電阻。

調整高電阻的大小，可以獲得數種不同測試範圍的伏特計，如圖 14-5 所示。

四、歐姆計

欲利用檢流計測量電阻，需多加一個電池，如圖 14-6 所示，此電池串聯標準電阻 R 和待測電阻 R_x 。當待測電阻 R_x 為無限大時，檢流計指針不偏轉。當 R_x 為零時，可調整 R_m 的大小，使得檢流計的指針做滿刻度的偏轉。當待測電阻為 R_x 時，流經檢流計電流為 i_g，而總電流為 i 時，電池的電壓 V 為

$$V = i_g(R_g + R_m) + iR_x \tag{6}$$

因 $(R_g + R_m)$ 與 R 並聯，所以 i_g 為

$$i_g = \frac{R}{R_g + R_m + R} i \quad \text{或} \quad i = \frac{R_g + R_m + R}{R} i_g \tag{7}$$

將上式 i 代入(6)式可得

$$V = i_g(R_g + R_m) + \frac{R_g + R_m + R}{R} i_g R_x$$

$$\therefore i_g = \frac{V}{R_g + R_m + \dfrac{R_g + R_m + R}{R} R_x} \tag{8}$$

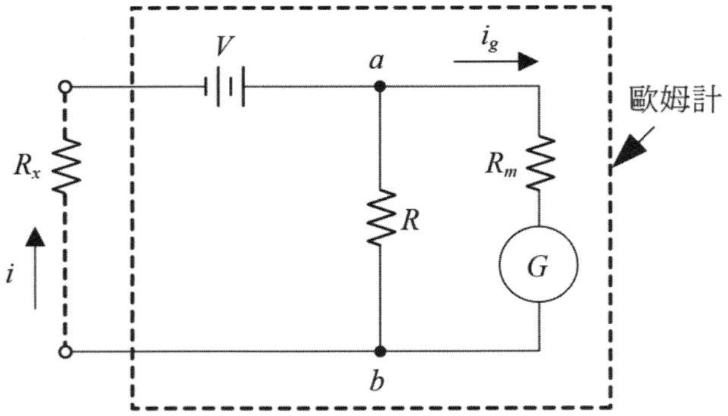

V　a　i_g
歐姆計
R_x　R　R_m　G
i
b

圖 14-6

上式為流經檢流計之電流 i_g 與待測電阻 R_x 的關係式，兩者並不是呈線性關係，所以歐姆計的刻度間隔不是均勻的。

五、三用電表

三用電表同時具有歐姆計、伏特計和安培計三種功能，選用適當的檔，可分別測量電阻、直流電流、直流電壓和交流電壓，後者是利用二極體的整流作用將交流電壓轉變成直流電壓的形式再經過檢流計。

六、表頭刻度的讀取

電表面板之刻度共有五條，由上而下為：

第一條刻度：測量電阻時看這條刻度，在這條刻度的右邊有電阻 Ω 的符號，數字刻劃由右至左，而且刻度愈左愈密，至最左為 1K、2K、5K、∞。

- 當範圍選擇開關撥在×1 檔時，則由表頭刻度所讀取的數字，即是實際的電阻值。例如：範圍選擇開關撥在×1 檔時，指針指在 10，則待測電阻即為 10×1=10Ω。
- 如果範圍選擇開關撥在×10 檔時，指針之讀數必須再乘以 10 才是正確的電阻值。例如：範圍選擇開關撥在×10 檔時，指針指在 20，則待測電阻即為 20×10=200Ω。
- 同理，範圍選擇開關撥在×1K 檔時，指針之讀數必需再乘以 1000 才是正確的電阻值；範圍選擇開關撥在×10K 檔時，指針之讀數必需再乘以 10000 才是正確的電阻值。

第二條刻度：測量直流電壓，直流電壓和交流電壓時都看這一條刻度，左右兩邊有 V-mA 等字，共有三組數字，即 0、50、100、150、200、250（供 2.5V、250V、2.5mA 檔用），0、10、20、30、40、50（供 0.5V、50V、50mA 和 500mA 檔用），0、2、4、6、8、10（供 10V 和 1,000V 檔用）。

第三條刻度：左邊有 AC2.5V 等字，專供交流 2.5V 檔時(ACV2.5V)時用。右邊有 hV(V)、hI(mA)等字，共有兩組刻度，上組刻度是測量負載電壓時用，單位 V_0hT。下組刻度是測量負載電流用，單位是 mA。第三刻度主要用於測量電晶體時，這條刻度與第四條刻度之間有條小刻度，右邊有 xhI，hV 等字，作電池檢查用。

第四條刻度：左邊有 AC10V 時用，AC2.5，右邊有 dB 等字低壓輸出測量用，共有兩組刻度，上組 AC10V 時用，下組 AC2.5 時用。

七、色碼

如圖 14-7 所示色碼色環，主要分成兩部分，第一部分的每一條色環都是等距，自成一組，易於區分第二部分的色環。

第一部分：

靠近電阻前端的一組是用來表示阻值，兩位有效數的電阻值，用前二個色環來代表其有效數，用第三個色環來代表有效數後「0」的位數（倍率）。三位有效數的電阻值，用前三個色環來代表其有效數，用第四個色環來代表有效數後「0」的位數。

第二部分：

靠近電阻後端的一條色環用來代表公差精度。

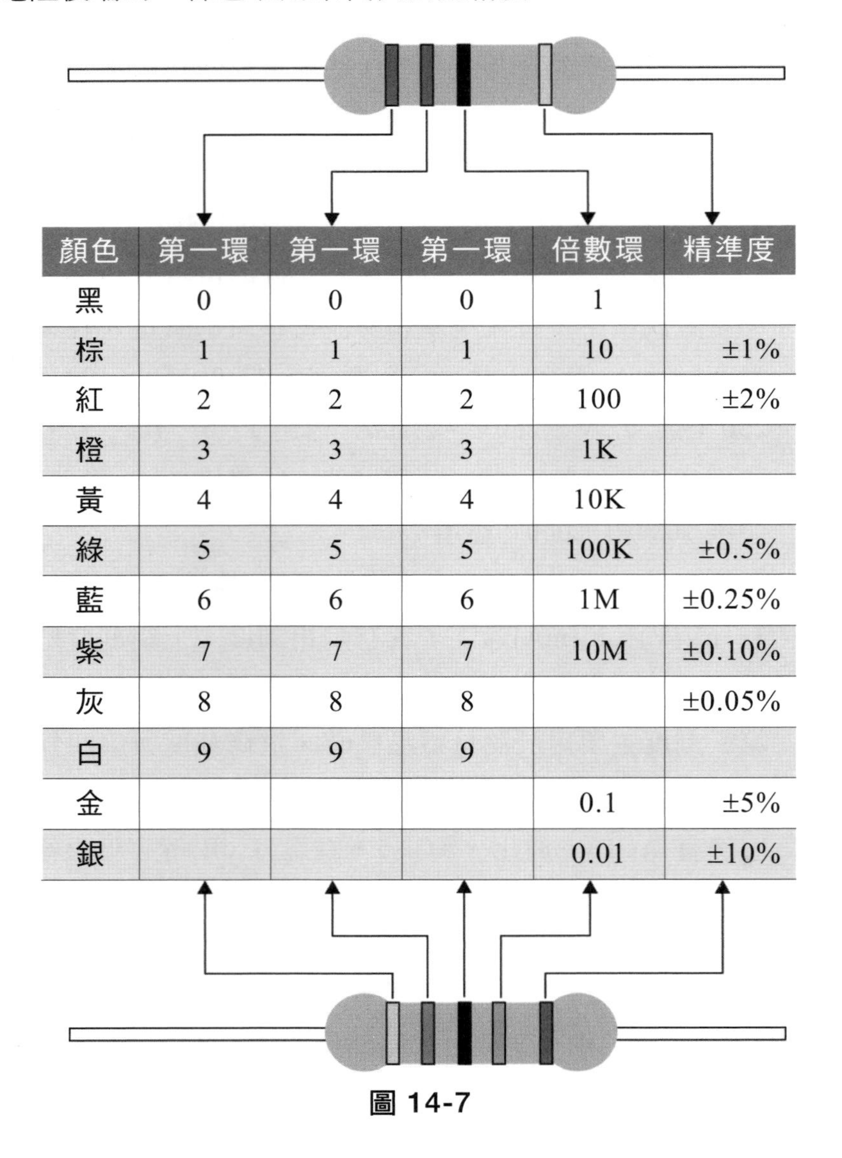

顏色	第一環	第一環	第一環	倍數環	精準度
黑	0	0	0	1	
棕	1	1	1	10	±1%
紅	2	2	2	100	±2%
橙	3	3	3	1K	
黃	4	4	4	10K	
綠	5	5	5	100K	±0.5%
藍	6	6	6	1M	±0.25%
紫	7	7	7	10M	±0.10%
灰	8	8	8		±0.05%
白	9	9	9		
金				0.1	±5%
銀				0.01	±10%

圖 14-7

首先，從電阻的底端，找出代表公差精度的色環，金色的代表 5%，銀色的代表 10%。再從電阻的另一端，找出第一條、第二條色環，讀取其相對應的數字，例如，前一條色環都為紅色，第二條色環為藍色，故其對應數字為紅 2，藍 6，然後，再讀取第三條倍數色環，綠 5，所以，我們得到的阻值是 2,600,000Ω。如果第三條倍數色環為金色，則將小數點往左移一位。如果第三條倍數色環為銀色，則將小數點往左移兩位。

注意事項

1. 測量時，先將範圍選擇鈕轉至最大範圍檔，如果指針偏轉角度太小，再逐漸降低測試範圍。
2. 測量交流電壓時，將範圍選擇鈕轉至 ACV 的適當位置，探棒與待測物接觸時，探棒的正負極性互調，並不影響測量值。
3. 測量直流電壓時，將範圍選擇鈕轉到 DCV 的適當位置，探棒與待測物並聯時，需注意極性，紅棒接觸高電位處（電壓正極），黑棒接觸低電位處（電壓負極）。
4. 測量直流電流時，將範圍選擇鈕轉到 DCmA 的適當位置，探棒與負載串聯時，需注意極性，紅棒接觸高電位處，黑棒接觸低電位處。
5. 三用電表不用時，數位式範圍選擇鈕置於「OFF」檔上，指針式範圍選擇鈕勿置於 Ω 檔上，以防止漏電。

步　驟

一、量測電阻值 Ω

1. 將旋鈕轉至 Ω 適當檔位。
2. 指針式的 Ω 檔，每個檔位都必須做歸零調整，調整方法：紅、黑兩線短接，調整電表上旋鈕，至指針歸零，指針式的 Ω 檔，零位是在右手邊。
3. 若不清楚電阻多大時，先將檔位調至最高，再依照量測結果，慢慢調降至正確檔位。
4. 三用電表之兩連接線與待測物並聯，記錄量測電阻值。

二、量測電池電壓

1. 將旋鈕轉至 DCV 適當檔位。
2. 若待測電壓不明時，先將檔位調至最高，再依照量測結果，慢慢調降至正確檔位。
3. 注意正、負極方向。
4. 三用電表之兩連接線與電池並聯，記錄量測電壓值。

三、量測交流電壓

1. 將旋鈕轉至 ACV 適當檔位。
2. 若待測電壓不明時，先將檔位調至最高，再依照量測結果，慢慢調降至正確檔位。
3. 交流電不必注意正負極。
4. 三用電表之兩連接線與插座並聯，記錄量測電壓值。

四、量測直流電流、電壓

1. 水泥電阻與電池連接如圖 14-8。
2. 將三用電表旋鈕轉至 DCV 適當檔位。
3. 若待測電流不明時，先將檔位調至最高，再依照量測結果，慢慢調降至正確檔位。須注意正、負極方向。
4. 三用電表之兩連接線與水泥電阻並聯，記錄量測電壓值。
5. 將三用電表旋鈕轉至 DCmA 適當檔位。
6. 若待測電流不明時，先將檔位調至最高，再依照量測結果，慢慢調降至正確檔位。注意正、負極方向。
7. 三用電表之兩連接線與水泥電阻串聯如圖 14-9，記錄量測電流值。
8. 將電壓值與電流值相除，得到電阻值。
9. 將此電阻值與步驟三之直接量測值比較。

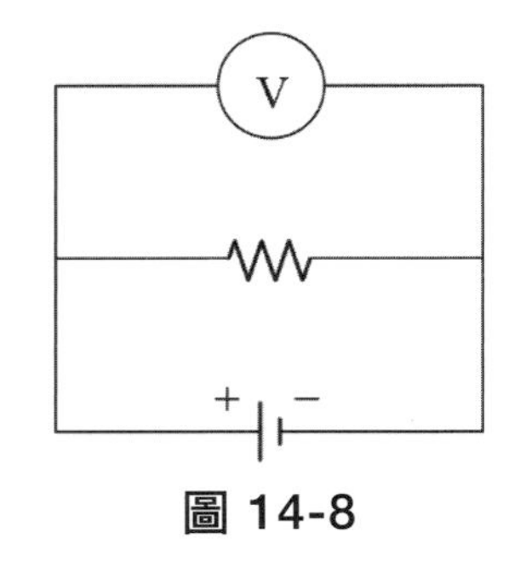

圖 14-8

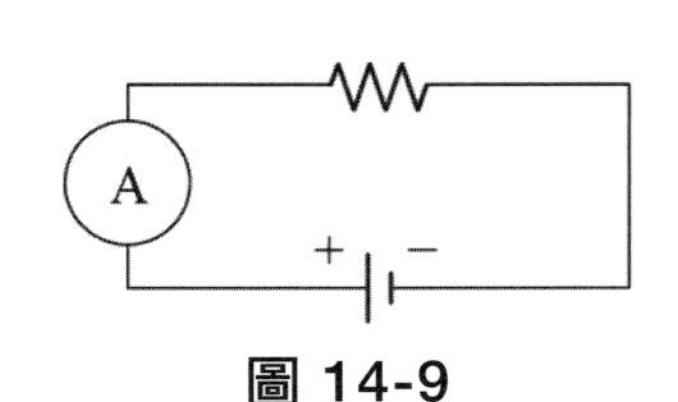

圖 14-9

三用電表的使用

班級：　　　　學號：　　　　姓名：

日期：　　　　組別：　　　　同組同學：

記錄與分析

一、量測電阻值

No	數位式電阻值(Ω)	指針式電阻值(Ω)
1		
2		
3		
平均值		

二、量測電池電壓

No	數位式電池電壓值(V)	指針式電池電壓值(V)
1		
2		
3		
平均值		

三、量測交流電壓

No	數位式交流電壓值(V)	指針式交流電壓值(V)
1		
2		
3		
平均值		

四、量測直流電流、電壓計算電阻值

數位式 No	電壓值		電流值		電阻值
	(mV)	(V)	(mA)	(A)	(Ω)
1					
2					
3					
平均值					

指針式 No	電壓值		電流值		電阻值
	(mV)	(V)	(mA)	(A)	(Ω)
1					
2					
3					
平均值					

實驗

15

等電位線及電力線分布

目的

描出電場中的等電位線，然後依此繪出電力線。

儀器

直流電源供應器、三用電表、金屬電極碳質畫板數種、探針、連接線、記錄紙。

原理

電荷會在空間形成電場 $\vec{E}$ 與電位 V，其間之關係為

$$dV = -\vec{E} \cdot d\vec{r} \tag{1}$$

$$\Delta V = \int dV = -\int \vec{E} \cdot d\vec{r} \tag{2}$$

點電荷 q 在其他電荷構成的合成電場 $\vec{E}$ 中，會受電場作用力 $\vec{F}$

$$\vec{F} = q\vec{E} \tag{3}$$

沿著點電荷在電場中受力方向的連線稱為電力線，通常附上箭號以代表電場的方向，畫電力線時，應考慮對稱性，並注意線條之疏密度可代表電場之強弱。

若已畫好電力線，則線上任一點處之切線方向就是該處的電場方向。若將點電荷沿著垂直電場，也就是垂直電力線的方向移動，則 $\vec{E} \cdot d\vec{r} = E\left|d\vec{r}\right|\cos 90° = 0$，由式(1)或(2)知 $dV = 0$ 或 $\Delta V = 0$，所以如此移動所構成的等電位面或等電位線必定處處與電場或電力線垂直。

導體之內部含有自由電荷，處於靜電狀態時，也就是無電流時，其表面以內必無（巨觀的）電場（否則會推動自由電荷而形成電流），也就是無電位差，整個導體為等電位，若處於有電流狀態時，其內部有推動電流之電場，沿電場方向有電位差。

良導體，如含有大量自由電子的金屬等，若處於有電流狀態時，即使是良導體，其內部也需要有推動電流之電場（根據 $\vec{F}=q\vec{E}$ ），沿電場方向有電位差，但因為是良導體，所需推力不大，只需微弱之電場來推，故電位差亦不大，若與電路中之其他較高阻抗部分比較，通常可忽略之，**可視良導體之部位為等電位**。

較不良導體，如本實驗所用之碳質畫板或石墨紙，若處於有電流狀態時，其內部需要較大的電場以推動電流，沿電場方向亦有較大的電位差，因此不能忽略。

本實驗之裝置如圖 15-1，裝置有一對金屬電極之碳質畫板，接上直流電源，則在畫板上建立電場，沿電場方向必有電位差，等電位線當然會垂直電場，等電位線上的點可由伏特計之探針測出，將伏特計之一端接至參考電位，另一端接上探針以便在碳質畫板上探測，當探針點在碳質畫板上某些點之電位相等，這些點的連線就是等電位線，若探測不同電位則可繪出不同的等電位線，如圖 15-2 中數據點的連線，然後根據電力線與等電位線互相垂直的關係則可繪出電力線。

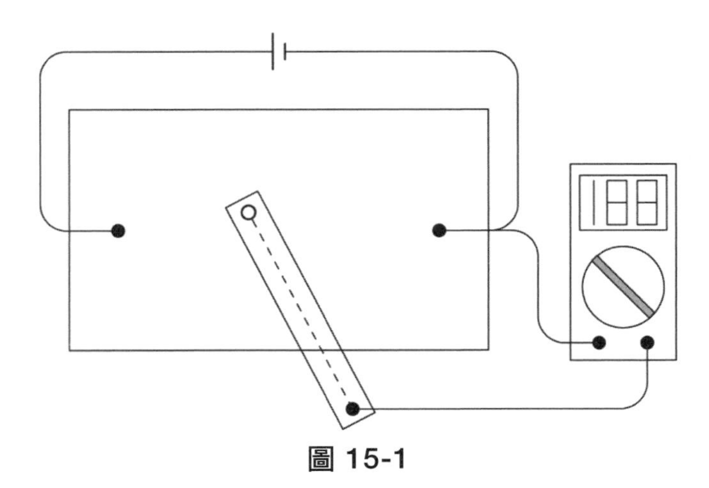

圖 15-1

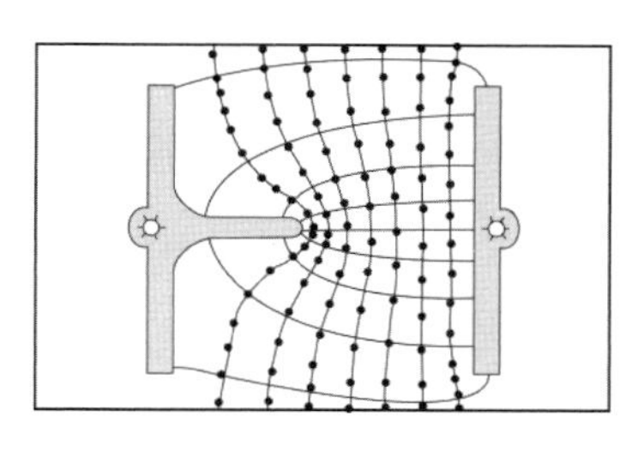
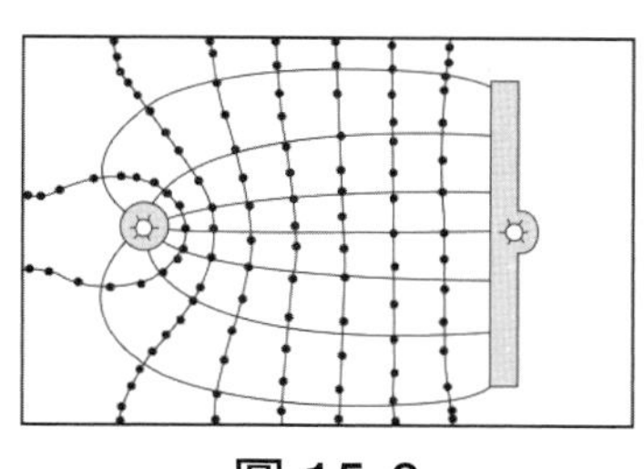
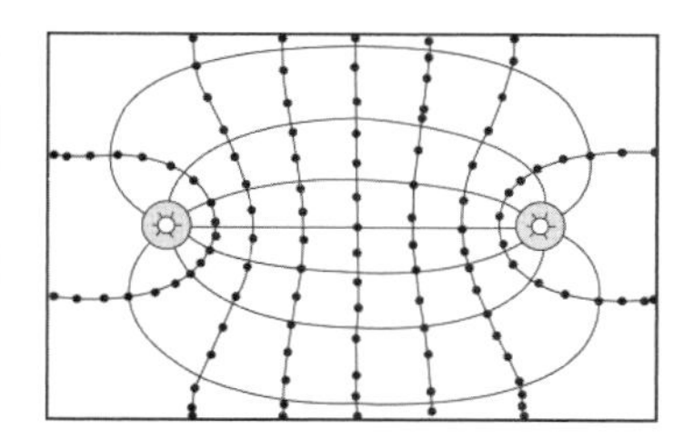

圖 15-2

步　驟

1. 任選一種形狀之金屬電極碳質畫板，設法將金屬片之形狀描繪在與板同樣尺寸的數據紙上。然後將碳質畫板之碳質部分朝下，數據紙放於上面。
2. 連接線路如圖 15-1，將電源供應器之電極接至金屬電極碳質畫板。伏特計之負端接至畫板之一電極，正極與探針相接。
3. 將探針於畫板上介於兩電極間任一位置（例如電位差為 5 V 處），在正上方的數據紙上描一點，接著尋找其他相同電位的點。基本上，這些點不必太接近，但也不能太遠至不易判斷連線如何轉彎，且數據點應可延伸至畫板邊緣，或可形成一迴圈，將所有點以一平滑曲線貫穿，則成一等電位線（如圖 15-2）。
4. 改變尋找電位，電位至少間隔 1V，重複步驟 3 與步驟 4 繪製出其他等電位線。
5. 然後根據電力線與等電位線互相垂直的關係繪出電力線。金屬電極之邊緣亦可視為等電位線，因此所繪之電力線應垂直之，由於電流沿著電力線慢慢流動，因此在畫板邊緣附近所繪的電力線一定趨近於平行邊緣（如圖 15-2）。
6. 換其他形狀之電極畫板，重複前面步驟。

問題

(　)1. 此實驗首先在數據紙上描出之點的連線是　(1)等電位線　(2)電力線　(3)電流線　(4)以上皆非。

(　)2. 電力線與等電位線　(1)垂直　(2)平行　(3)可成任何夾角。

(　)3. 在金屬電極碳質畫板上之金屬電極與碳質畫板的界線處，等電位線應與金屬邊緣　(1)垂直　(2)平行　(3)可成任何夾角。

(　)4. 在金屬電極碳質畫板上之金屬電極與碳質畫板的界線處，電力線應與金屬邊緣　(1)垂直　(2)平行　(3)可成任何夾角。

等電位線及電力線分布

班級：　學號：　姓名：

日期：　組別：　同組同學：

記錄與分析

（可利用此張紙背面繪圖，或者是用老師所發的空白紙即可繪實際尺寸形如圖 15-2 之圖。）

討論

MEMO

實驗

16 電阻定律實驗

目　的

利用惠斯登電橋測量導線之電阻，然後計算導線之電阻係數。

儀　器

電阻箱、直流電源、檢流計、滑線電橋（底板、電阻線、米尺）、探針、連接線、待測電阻線五組。

原　理

如圖 16-1 所示為惠斯登電橋的電路圖，四個電阻器 R_1、R_2、R_3、R_4 串聯相接，形成一個封閉的電路，R_1 通常是待測電阻元件，R_2 為已知電阻元件，R_3 及 R_4 為可調之電阻元件。橫跨 A、B 兩點的是一具靈敏度很高的檢流計 G，其零點在刻度表的中間，檢流計的指針可隨著電流的方向作向左或向右的偏轉。當調整 R_3 及 R_4 之電阻直到檢流計 G 的指針不偏轉，此時 A，B 兩點因無電流通過，固 A，B 兩點具有相同電位。換句話說，由 M 到 A 之電位降落，等於由 M 到 B 之電位降落；同理 A 到 N 之電位降落等於 B 到 N 之電位降落。即

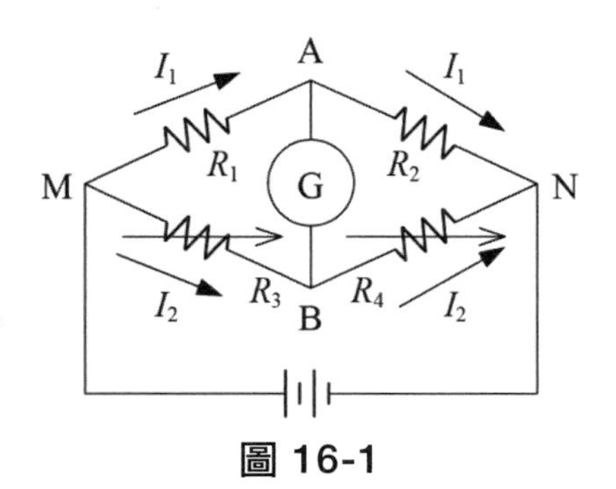

圖 16-1

$$I_1R_1 = I_2R_3 \tag{1}$$

$$I_1R_2 = I_2R_4 \tag{2}$$

由(1)，(2)兩式相除，可得未知電阻 R_1 為

$$R_1 = \frac{R_3}{R_4} \times R_2 \tag{3}$$

金屬導線之電阻 R 和導線的長度 ℓ 及截面積 A 有下列的關係

$$R = \rho \times \frac{\ell}{A} \tag{4}$$

其中 ρ 為電阻係數，和導線之材質有關。利用惠斯登電橋求出導線之電阻 R，然後帶入(4)式即可求出導線之電阻係數。

圖 16-2 即是我們實驗室所使用的滑線式惠斯登電橋，圖中 MN 為一均勻的導線。當導線的截面積不變時，導線之電阻與其長度成正比，即

$$\frac{R_3}{R_4} = \frac{\ell_3}{\ell_4} \tag{5}$$

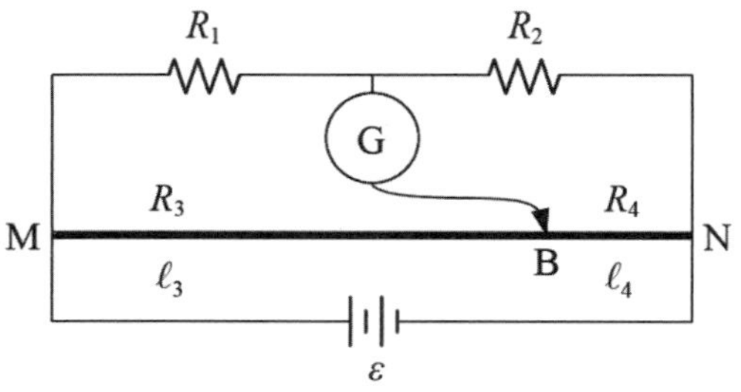

圖 16-2

移動 B 點，直至檢流計 G 等於零時，量取 ℓ_3 及 ℓ_4 之長度，則

$$R_1 = \frac{R_3}{R_4} R_2 = \frac{\ell_3}{\ell_4} R_2 \tag{6}$$

在作測試時，若電橋達平衡，B 點在滑線中央附近，則所得的結果較為準確。所以在作測試時，首先將探針 B 點移到滑線中央，調整 R_2 之值使電橋接近平衡，然後再移動 B 點使其達到精確平衡。

步　驟

1. 連接線路如圖 16-2 所示，R_1 接待測電阻線，R_2 接電阻箱。
2. 直流電壓輸出設定 2.0 V，將探針 B 置於滑線中央，調整 R_2，直到檢流計 G 之指針略近於零，然後再移動 B 點時檢流計指針確實為零，記錄 R_2 及 ℓ_3 及 ℓ_4 代入(6)式即可求得 R_1 值。

3. 將 R_1 和 R_2 互調位置（此時，R_3 和 R_4 也同時互調），如同步驟 2，得另一 R_1 值，並與步驟 2 所得之電阻值平均。
4. 以同樣方法測量其他四條電阻線之電阻平均值。
5. 代入(4)式求得電阻係數 ρ。

待測電阻線有五種不同之導線。其長度、材質、直徑如下表所示：

編號	No. 1	No. 2	No. 3	No. 4	No. 5
材料、成分	Cu	Cu	Cu	Cu	Ni-Cr
直徑(mm)	0.28	0.14	0.28	0.14	0.14
長度(m)	10	10	20	20	10

預 習

1. 電阻係數的單位是 (A) Ω (B) $\Omega\cdot m$ (C) $\Omega\cdot m^2$ (D) $\frac{1}{\Omega}$ (E)以上皆非。
2. 在圖 16-2 中，如將 R_1 與 R_2 位置對調，則________與________位置也應對調。

實驗

16 電阻定律實驗

班級：　　　　學號：　　　　姓名：

日期：　　　　組別：　　　　同組同學：

記錄與分析

No	$R_2(\Omega)$	ℓ_3(cm)	ℓ_4(cm)	$R_1 = R_2\ell_3/\ell_4(\Omega)$	平均 $R_1(\Omega)$	$\rho(\Omega \cdot \mathrm{m})$
1						
2						
3						
4						
5						

討論

MEMO

實驗

17 克希荷夫定律

目　的

驗證克希荷夫定律。

儀　器

直流電源、電阻、三用電表、連接線。

原　理

克希荷夫定律可用來分析較複雜電路的電流與電位差，它包含兩個定律，一為電流定律，另一為電位差定律（或電壓定律）。

克希荷夫電流定律又稱為克希荷夫節點定律，說明電路之任一分叉點處，也就是節點處，流進的電流應等於流出的電流，以數學式表示如下：

$$\sum i_{in} = \sum i_{out} \tag{1}$$

例如圖 17-1 之線路的節點 E 處（或節點 B 處），

$$i_1 + i_2 = i_3 \qquad 或 \qquad i_1 + i_2 - i_3 = 0 \tag{2}$$

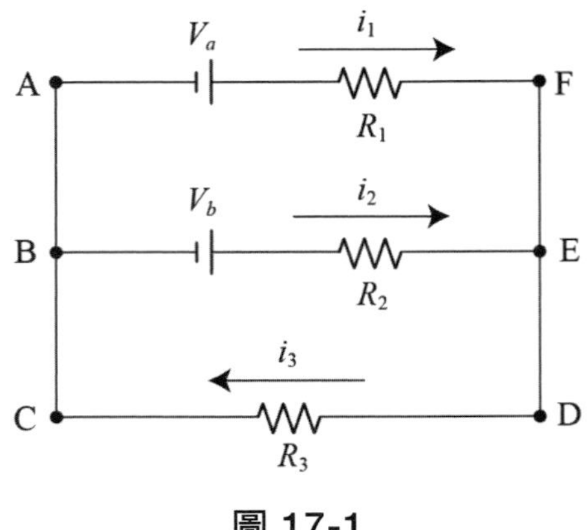

圖 17-1

克希荷夫電位差定律又稱為克希荷夫迴路定律，說明從電路之任一點出發，經過任一迴路回至原點，其間電位變化有升有降，但總變化應等於零；以數學式表示如下：

$$\sum \Delta V = 0 \tag{3}$$

例如圖 17-1 之線路，經迴路 AFEBA，當經過電池 a 時，從負極至正極，電位升高 V_a，當順著電流 i_1 經過電阻 R_1 時，電位下降 $R_1 i_1$，當逆著電流 i_2 經過電阻 R_2 時，電位上升 $R_2 i_2$，當經過電池 b 時，從正極至負極，電位下降 V_b，這樣繞了一整圈，電位的總變化為

$$V_a - R_1 i_1 + R_2 i_2 - V_b = 0 \tag{4}$$

同理，經迴路 BEDCB，

$$V_b - R_2 i_2 - R_3 i_3 = 0 \tag{5}$$

必須注意的是，列方程式時必須配合線路圖，而線路圖上之電流方向（箭號所示）可以任意假設，如果解方程式的結果是某一電流為負值，則表示實際的電流方向剛好與圖形所假設的恰好相反。解方程式(2)、(4)、(5)，得

$$i_1 = \frac{(R_2 + R_3)V_a - R_3 V_b}{R_1 R_2 + R_2 R_3 + R_3 R_1} \tag{6}$$

$$i_2=\frac{(R_1+R_3)V_b-R_3V_a}{R_1R_2+R_2R_3+R_3R_1} \tag{7}$$

$$i_3=\frac{R_2V_a+R_1V_b}{R_1R_2+R_2R_3+R_3R_1} \tag{8}$$

如果圖 17-1 之電源 b 以短路取代($V_b=0$)即，則變成圖 17-2，而上三式亦可簡化為

$$i_1=\frac{(R_2+R_3)V_a}{R_1R_2+R_2R_3+R_3R_1} \tag{9}$$

$$i_2=\frac{-R_3V_a}{R_1R_2+R_2R_3+R_3R_1} \tag{10}$$

$$i_3=\frac{R_2V_a}{R_1R_2+R_2R_3+R_3R_1} \tag{11}$$

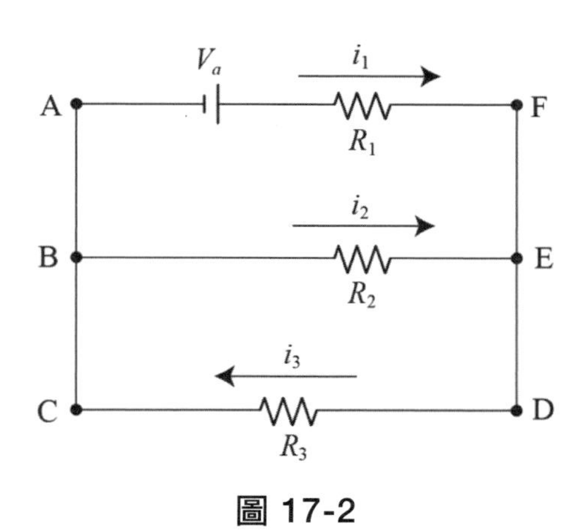

圖 17-2

步　驟

雙電源電路

1. 連接線路如圖 17-1 所示，R_1、R_2、R_3 的電阻值可任意選定，最好不同。
2. 使用安培計，「串聯」待測電路元件，分別量得電流 i_1、i_2、i_3，注意若測得電流方向剛好與圖形所假設之箭號相反，則在數據表中應記錄為負值。
3. 使用伏特計「並聯」於電路電源，分別量得電源之端電壓 V_a、V_b。

單電源電路

1. 將圖 17-1 之電源 b 以短路取代，則變成圖 17-2。
2. 重複上面測量步驟，注意！此時所測得的電流 i_2 的流向，應該跟圖形所假設之箭號相反，數據表中之 i_2 應記錄為負值，切記！切記！
3. 分別驗證克希荷夫電流定律及電位差定律。
4. 改變不同之電阻值，重複以上步驟。

問 題

(　)1. 如圖 17-2，若 i_1 、 i_2 、 i_3 的大小分別為 5、2、3 安培，則在記錄表中，i_2 的值應登記為　(1)5　(2)2　(3)3　(4)−5　(5)−2　(6)−3。

克希荷夫定律

班級：　　　　學號：　　　　姓名：

日期：　　　　組別：　　　　同組同學：

記錄與分析

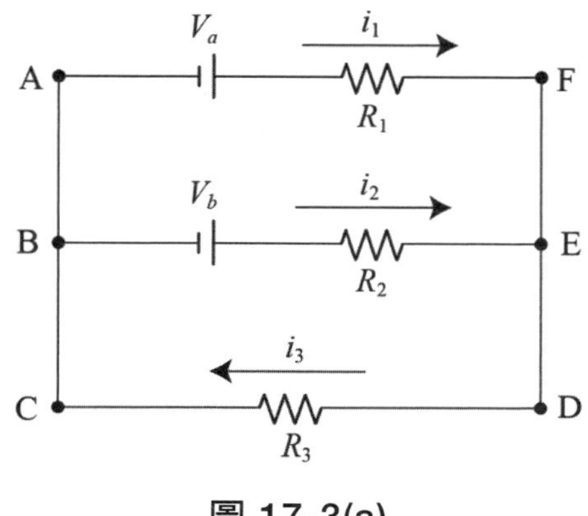

圖 17-3(a)

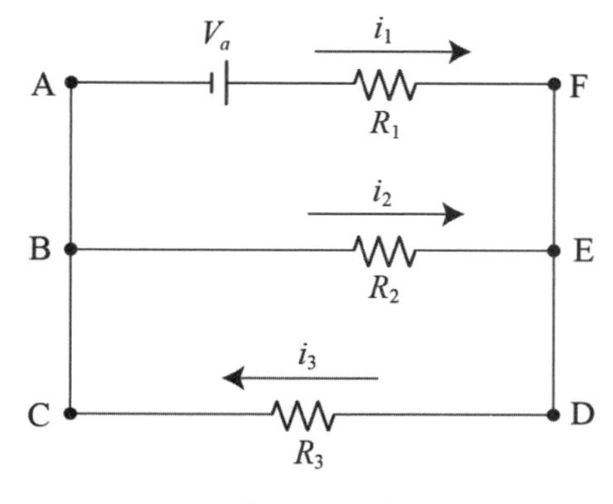

圖 17-3(b)

	電阻 (Ω)			電流 (A)			電源之端電壓 (V)	
	R_1	R_2	R_3	i_1	i_2	i_3	V_a	V_b
雙電源								
單電源								0

	理論電流(A)		
	$i_{1T}=\dfrac{(R_2+R_3)V_a-R_3V_b}{R_1R_2+R_2R_3+R_3R_1}$	$i_{2T}=\dfrac{(R_1+R_3)V_b-R_3V_a}{R_1R_2+R_2R_3+R_3R_1}$	$i_{3T}=\dfrac{R_2V_a+R_1V_b}{R_1R_2+R_2R_3+R_3R_1}$
雙電源			
單電源 $(V_b=0)$			

	$\dfrac{\lvert i_1-i_{1T}\rvert}{i_{1T}}\times 100\%$	$\dfrac{\lvert i_2-i_{2T}\rvert}{i_{2T}}\times 100\%$	$\dfrac{\lvert i_3-i_{3T}\rvert}{i_{3T}}\times 100\%$
雙電源			
單電源			

討論

實驗

18

電位測定實驗

目　的

學習電位計的原理並用電位計測量電池的電動勢。

儀　器

直流電源、參考標準電壓源（參考值 1.000V）、待測電池、滑線電橋、連接線、探針、檢流計。

原　理

如圖 18-1 所示，我們若用伏特計來測量電池的電動勢 E_x，雖然方便，但並不準確。因為測量時將構成通路，電池中若有電流 i 通過，用伏特計所測得之讀數為電池兩端的端電壓 V_{ab}，並不等於電池的電動勢 E_x，從圖中可知 $V_{ab}=E_x-ir<E_x$。但是伏特計的電阻 R_v 甚大之情況下，電流 $i=\dfrac{E_x}{R_v+r}$ 將甚小，且一般電池的內阻也甚小，故 ir 甚小，因此由伏特計所量得之端電壓 V 可近似等於電池之電動勢 E_x。

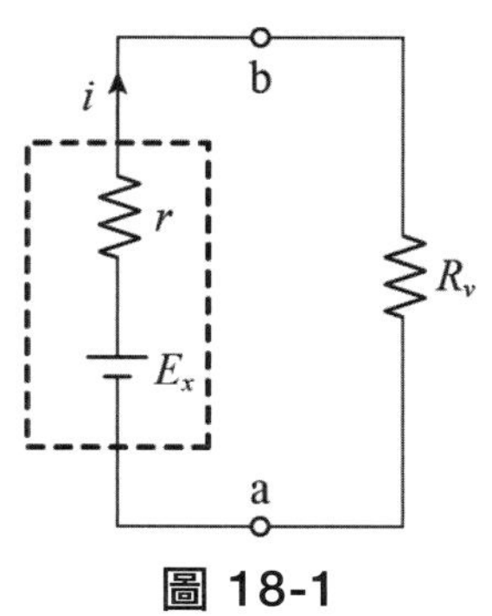

圖 18-1

若想要更精確地量測電池的電動勢，則可應用電位計，其裝置如圖18-2所示，其中參考標準電壓源裝置如圖18-3所示。

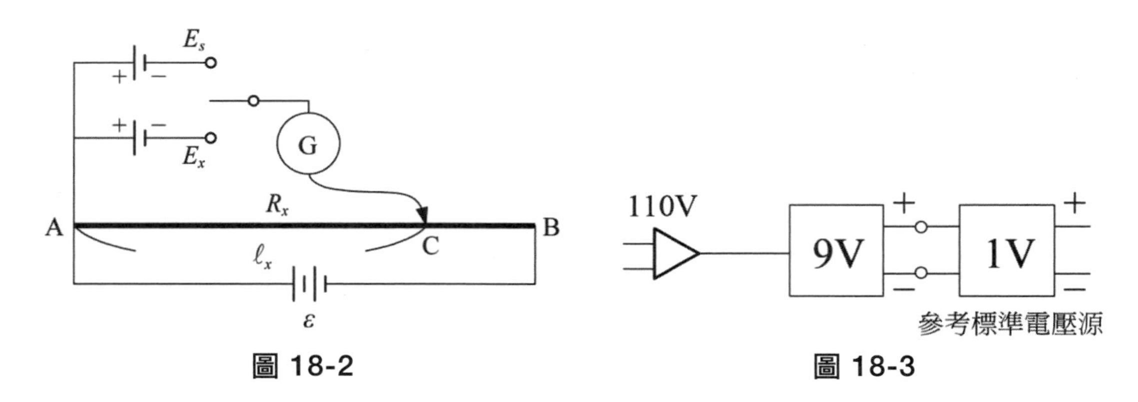

圖 18-2　　圖 18-3

它包含一均勻的高電阻線 AB，由直流電源供應一穩定電流，待測電池 E_x 與檢流計串聯後，一端與 A 點連接，另一端 C（探針）則可在電阻線 AB 間滑動。直流電源之正極（負極）必須與電池之正極（負極）相接。假設移動 C 點使檢流計指針不生偏轉，此時 AC 長度 ℓ_x，電阻 R_x，則

$$E_x = iR_x \tag{1}$$

若電池 E_x 換成參考標準電壓源 E_s，重新找出另一 C 點，若 AC=ℓ_s，電阻為 R_s，則

$$E_s = iR_s \tag{2}$$

由(1)、(2)兩式可得

$$\frac{E_x}{E_s} = \frac{R_x}{R_s} \tag{3}$$

又因導線的電阻和其長度成正比，所以待測電池的電動勢為

$$E_x = E_s \frac{\ell_x}{\ell_s} \tag{4}$$

步　驟

1. 如圖18-3所示，將參考標準電壓源接妥。
2. 如圖18-2所示，取參考標準電壓源將線路接妥，調整直流電源使其電壓超過1.5伏特。
3. 移動探針 C，使檢流計指針不生偏轉，記錄 AC 長度 ℓ_s。
4. 將參考標準電壓源換成待測電池 E_x。不可調動直流電源之電壓值，重複以上步驟，記錄 AC 長度 ℓ_x。
5. 代入(4)式可求得待測電池之電動勢 E_x。
6. 改變直流電源之電壓值，以不超過 5 伏特為原則，重複上述步驟四次，求其平均值。

預 習

1. 電池之端電壓為電池之電動勢減去其_______之電位降。
2. 參考標準電壓源測量後，另取待測電池做同樣步驟測量時，需注意什麼？

電位測定實驗

班級：　　學號：　　姓名：

日期：　　組別：　　同組同學：

記錄與分析

標準電壓源 E_s = ________________V。

No	ε(V)	ℓ_s(cm)	ℓ_x(cm)	$E_x = E_s\ell_x / \ell_s$(V)
1				
2				
3				
4				
5				

平均電動勢________________V。

討論

MEMO

實驗

19 地磁測定實驗

目　的

利用正切電流計來測定地球磁場的水平分量強度。

儀　器

正切電流計、指南針、三用電表、可變電阻、直流電源、米尺、連接線四條。

原　理

人類居住的地球本身是一個大磁鐵，「正切電流計」是設計來測量地球磁場的最早裝置之一，此裝置包含圓形線圈及置於圓形線圈中心的指南針，將此圓形線圈平面鉛直放置，並與地磁之磁子午線平行。當圓形線圈通有電流時，線圈內將產生磁場，此磁場施力於磁針的兩個磁極上，此兩個作用力大小相等，方向相反，為一力偶，對磁針產生一力矩，因而磁針將偏轉而離開圓形線圈平面，同時，地球磁場的水平分量也將施一相反的力矩於此磁針上。當此兩方向相反之力矩達平衡時，磁針將偏離線圈平面θ角，如圖 19-1 所示。實驗上或理論上皆顯示，圓形線圈上的電流 i 與此偏轉角度θ 的正切值成正比關係，故稱為「正切電流計」。

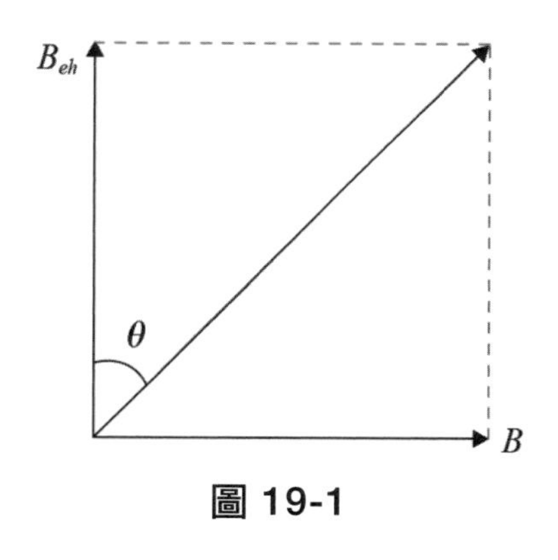

圖 19-1

由必歐一沙瓦定律(Biot-Savart law)可導出在圓形線圈中心處的磁場 B 之大小為

$$B = \frac{\mu_0 N i}{2a} \tag{1}$$

上式中導磁常數$\mu_0=4\pi\times10^{-7}$ 特斯拉·公尺／安培，N 為圓形線圈匝數；i 為線圈中之電流，單位為安培；a 為圓形線圈之半徑，單位為公尺；而磁場 B 的單位為特斯拉。

由圖 19-1 可知，當磁針平衡時，由線圈產生的磁場 B 與地球磁場的水平分量 B_{eh} 的關係式為

$$\tan\theta = \frac{B}{B_{eh}} \tag{2}$$

合併(1)、(2)兩式可得地磁的水平分量為

$$B_{eh} = \frac{\mu_0 N i}{2a\tan\theta} \tag{3}$$

步　驟

1. 測量圓形線圈的半徑 a（有些正切電流計的底座上已附有此數值）。
2. 連接線路如圖 19-2 所示，並調整正切電流計的圓形線圈平面和磁針方向與地球磁場的子午線平行。正切電流計盡可能遠離所有線路。

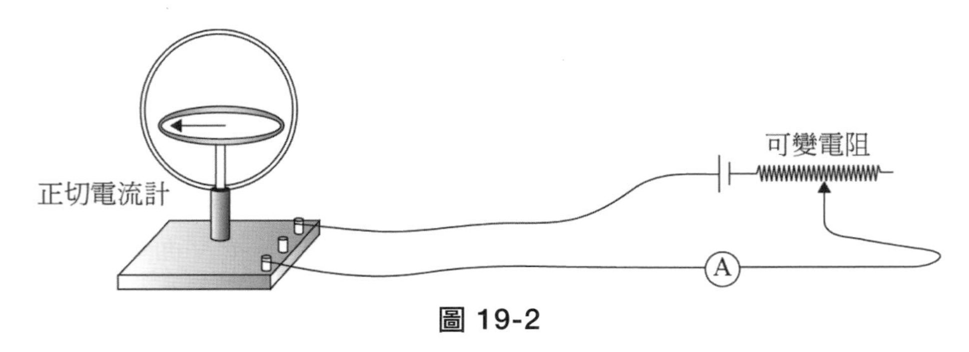

圖 19-2

3. 選取圓形線圈上的一組線圈匝數 N，將打開直流電源開關並調整可變電阻，使得磁針的偏轉角度約為 45° 左右。記錄此時的正確偏轉角度 θ_1，及電流大小 i。
4. 將直流電源正負極互換使電流方向相反，流經圓形線圈內的電流方向改變，記錄此時磁針在另一方向的偏轉角度 θ_2，再求取此左、右兩次偏轉角度的平均值 θ。如果改變電流的方向後，電流 i 的大小與步驟 3 中之前述電流不同時，可調整可變電阻，使得前後兩次的電流大小相等後，才記錄此時之偏轉角度 θ_2，並求 θ_1 與 θ_2 的平均值 θ。
5. 將所測得之圓形線圈半徑 a，匝數 N，電流 i，平均偏轉角度 θ，代入公式(3)中，可求得地球磁場的水平分量 B_{eh}。
6. 調整可變電阻，使得磁針的偏轉角度約為 50°，重複步驟 3、4 及 5。
7. 調整可變電阻，使得磁針的偏轉角度約為 55°，重複步驟 3、4 及 5。
8. 改變圓形線圈的匝數 N，重複步驟 3 至步驟 7。

預 習

1. 當圓形線圈平面與地磁的子午線平行時，若 θ 表示正切電流計上磁針的偏轉角度，則圓形線圈上的電流 i 與下列何者成正比？ (A)θ (B)$\sin\theta$ (C)$\cos\theta$ (D)$\tan\theta$ (E)以上皆非。
2. 有一正切電流計半徑為 0.2 公尺，線圈匝數為 10 圈，當線圈上之電流為 0.32 安培時，且 $\mu_0 = 4\pi \times 10^{-7}$ 特斯拉·公尺／安培，求線圈中心處的感應磁場為若干特斯拉？
3. 承上題，若此電流引起正切電流計上磁針的偏轉角度為 36°，則地球磁場的水平分量為若干特斯拉？

實驗

19

地磁測定實驗

班級：　學號：　姓名：

日期：　組別：　同組同學：

記錄與分析

a =____________公尺。

N =____________匝。

No	θ			i（安培）	$B=\dfrac{\mu_0 Ni}{2a}$（特斯拉）	$B_{eh}=\dfrac{B}{\tan\theta}$（特斯拉）
	θ_1	θ_2	平均值			
1						
2						
3						

N =____________匝。

No	θ			i（安培）	$B=\dfrac{\mu_0 Ni}{2a}$（特斯拉）	$B_{eh}=\dfrac{B}{\tan\theta}$（特斯拉）
	θ_1	θ_2	平均值			
1						
2						
3						

$N=$＿＿＿＿＿＿匝。

No	θ			i（安培）	$B=\dfrac{\mu_0 Ni}{2a}$（特斯拉）	$B_{eh}=\dfrac{B}{\tan\theta}$（特斯拉）
	θ_1	θ_2	平均值			
1						
2						
3						

平均地磁的水平分量=＿＿＿＿＿＿＿＿（特斯拉）。

討論

實驗

20 亥姆霍茲線圈磁場測定

目　的

藉由磁場感應器繪出電磁線圈在空間中不同位置所產生的磁場大小。

儀　器

亥姆霍茲線圈基座、場線圈×2（首要和次要的線圈）、滑槽與滑槽支架、直流電源供應器、數位萬用電表、磁場感應器。

原　理

一、單一線圈

如圖 20-1 所示，對於半徑為 R 和圈數為 N 的線圈來說，沿著通過線圈的中心垂直軸的磁場為（其中 I 為通入線圈電流，x 為距線圈中心之距離，$\hat{x}$為軸向之單位向量，B 為磁場，單位為特斯拉，1 特斯拉＝10^4 高斯）。

$$\vec{B} = \frac{\mu_0 NIR^2}{2(x^2 + R^2)^{\frac{3}{2}}}\hat{x} \qquad (1)$$

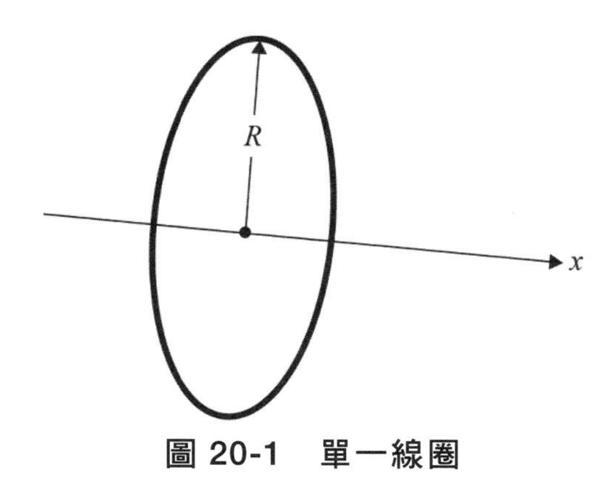

圖 20-1　單一線圈

二、兩條線圈

如圖 20-2，由於兩條線圈軸向的總磁場來自每條線圈的磁場之總合，故在軸向的不同位置上的磁場大小為（以兩線圈中心點為 $x=0$ 處）

$$\vec{B}=\vec{B_1}+\vec{B_2}=\frac{\mu_0 NIR^2}{2[(\frac{d}{2}+x)^2+R^2]^{\frac{3}{2}}}\hat{x}+\frac{\mu_0 NIR^2}{2[(\frac{d}{2}-x)^2+R^2]^{\frac{3}{2}}}\hat{x} \tag{2}$$

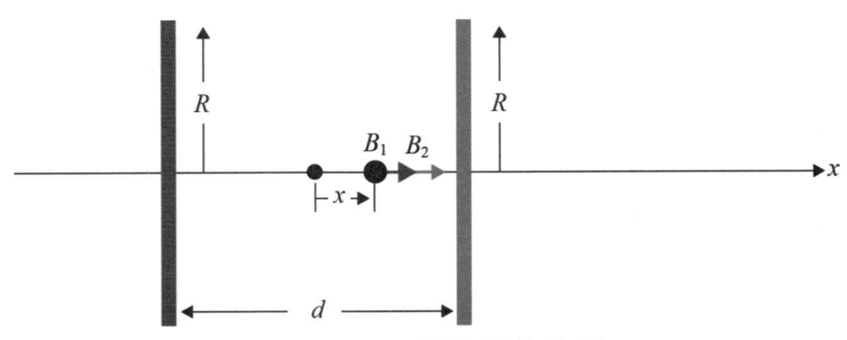

圖 20-2　分開的兩條線圈

如果線圈分開的距離 d 與線圈的半徑 R 相同時，稱為亥姆霍茲線圈，如圖 20-3 所示。對於亥姆霍茲線圈分開的線圈之間將產生一近似均勻的磁場。而在兩條線圈中間，$x=0$，的磁場為

$$\vec{B}=\frac{8\mu_0 NI}{\sqrt{125}R}\hat{x} \tag{3}$$

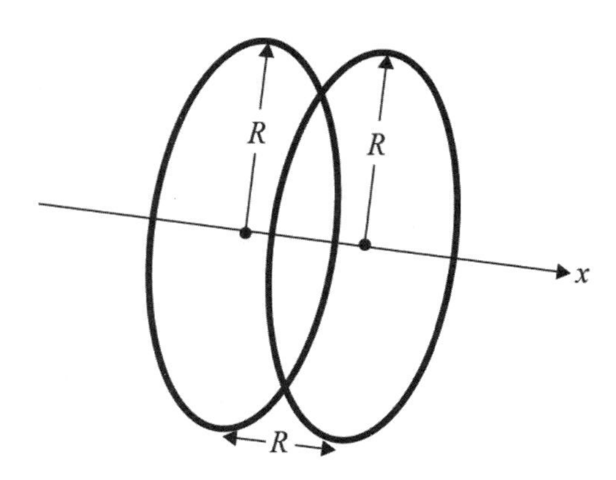

圖 20-3　亥姆霍茲線圈

步　驟

一、單一線圈的步驟

1. 依照圖 20-4，在亥姆霍茲基座上裝上一條線圈，將數位電表設在電流檔(10A)並與電源供應器及線圈串聯在一起（不經過線圈內部電阻），用以監測通過線圈的電流。

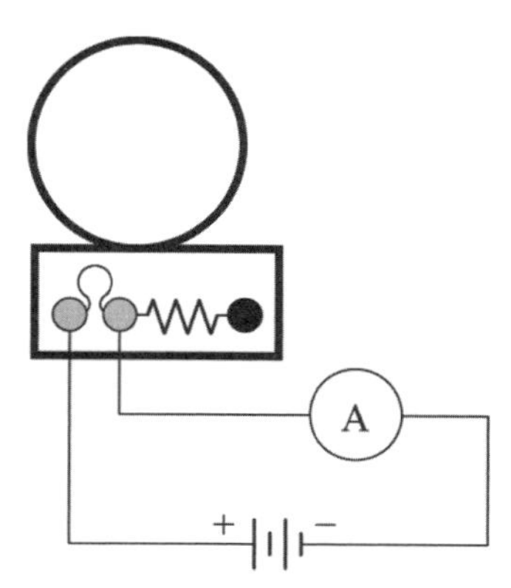

圖 20-4　單一線圈裝置

2. 將磁場感應器裝設在滑軌上，如圖 20-5（注意：圖中僅有一線圈通電流）。

圖 20-5　系統架設圖

3. 調整支撐架並讓磁場感應器穿過線圈，且使磁場感應器可沿著穿過線圈的中心軸移動。

4. 把磁場感應器連到電腦的 USB 連接埠，並開啟“Xplorer GLX Simulator”。
5. 開啟直流電源供應器，設定輸出電流為 0.5 安培，按下輸出鈕(output)，由三用電表檢視流過線圈是否約為 0.5 安培。最大電流勿超過 2 安培，否則線圈將會燒毀。記錄三用電表上顯示之電流值。關掉直流電源供應器的輸出鈕。
6. 按下感應器的 TARE 鍵，將讀值歸零。
7. 將刻度 20 公分位置對齊鋁固定架一端，如圖 20-6 所示。按下直流電源供應器的輸出鈕，由 GLX 讀取磁場感應器軸向(axial)的強度。平移亥姆霍茲基座，找到磁場強度最大處。此時刻度 20 公分即為線圈中心 $x = 0$ 之位置（因方程式(1)中，$x = 0$ 處磁場最大）。

圖 20-6　刻度 20 公分位置對齊鋁固定架一端

8. 移動感應器分別置於 $x = -10.0$、-5.0、0、5.0、10.0 公分處，並讀取磁場感應器軸向強度，記錄於結果一的表中。
9. 結束量測，關掉直流電源供應器的輸出鈕。
10. 以 N=200, R=10.5cm 計算磁場強度之理論值，填入結果表中。
11. 比較理論的方程式(1)與量測結果是否每一部分都吻合？假如沒有，請討論原因是什麼。

二、兩線圈的步驟

1. 依照圖 20-7，在亥姆霍茲基座上在距離第一線圈 6 公分處裝上另一條線圈（背對背），將數位電表設在電流檔(10A)並與電源供應器及線圈串聯在一起（不經過線圈內部電阻）。以數位電表監測通過線圈的電流。

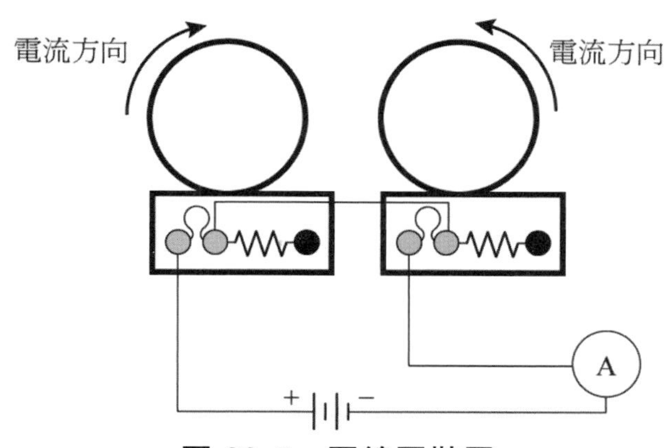

圖 20-7　兩線圈裝置

2. 開啟直流電源供應器，設定輸出電流為 0.5 安培，按下輸出鈕(output)，由三用電表檢視流過線圈是否約為 0.5 安培。記錄三用電表上顯示之電流值。關掉直流電源供應器的輸出鈕，按下磁場感應器的 TARE 鍵，將讀值歸零。
3. 放置磁場感應器在距第一線圈中心大約 5 公分處，如圖 20-8 所示，按下直流電源供應器的輸出鈕。開始記錄量測值，包含磁場感應器位置與磁場強度。

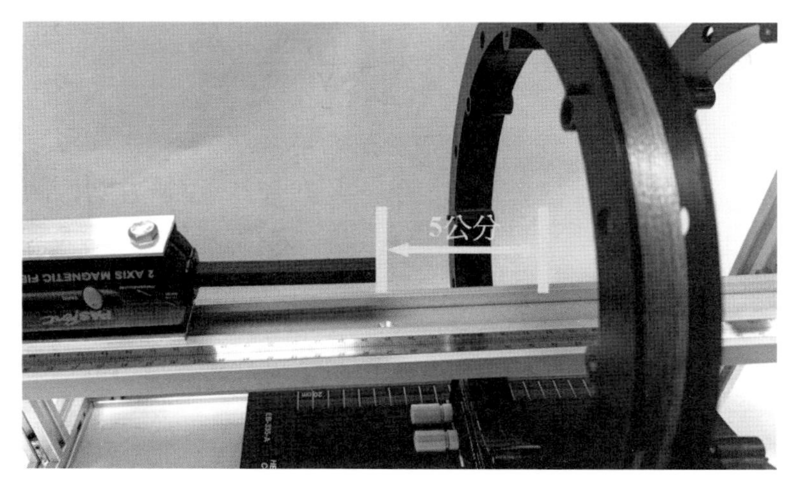

圖 20-8　放置磁場感應器在距第一線圈中心大約 5 公分處

4. 朝向線圈方向移動磁場感應器，每移動 1 公分記錄一次，並繪製於結果二之圖中，直至將感應器推過線圈至穿過第二線圈大約 5 公分處為止。結束量測，關掉直流電源供應器的輸出鈕。
5. 調整兩線圈間距使之等於線圈半徑（10.5 公分），重複步驟 2~4。將結果繪製於結果三之圖中。
6. 調整兩線圈間距使之約等於 15 公分，重複步驟 2~4。將結果繪製於結果四之圖中。
8. 比較三種不同線圈間距之結果。

預 習

1. 以數位電表當電流計時，10A 之檔位要如何設定？探針要如何與線路連接？

20 亥姆霍茲線圈磁場測定

班級：　學號：　姓名：

日期：　組別：　同組同學：

記錄與分析

結果一　電流=__________ A

	1	2	3（磁場最大處）	4	5
x (m)			$x = 0$		
磁場（高斯）					
理論值					
誤差(%)					

討論：

結果二　$d = 6$ cm

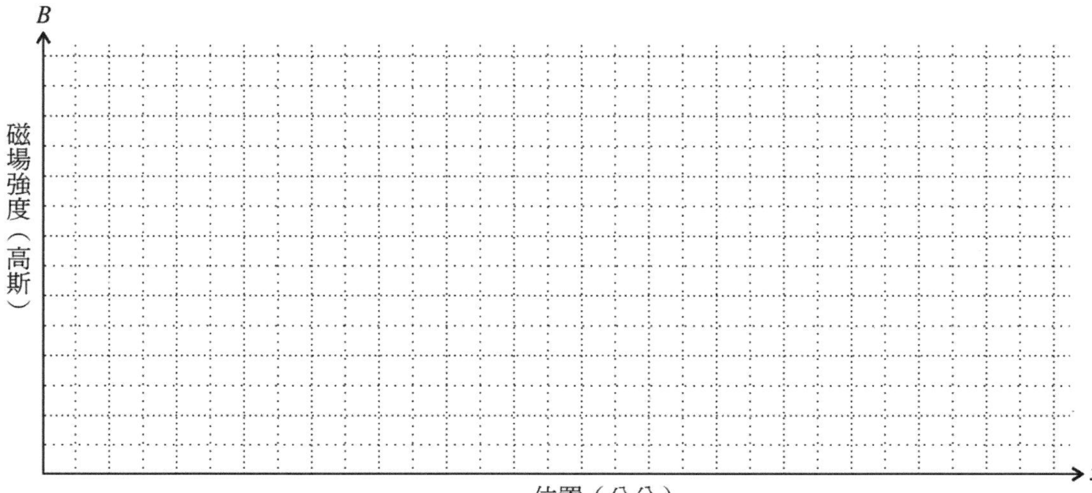

結果三　$d = 10.5$ cm

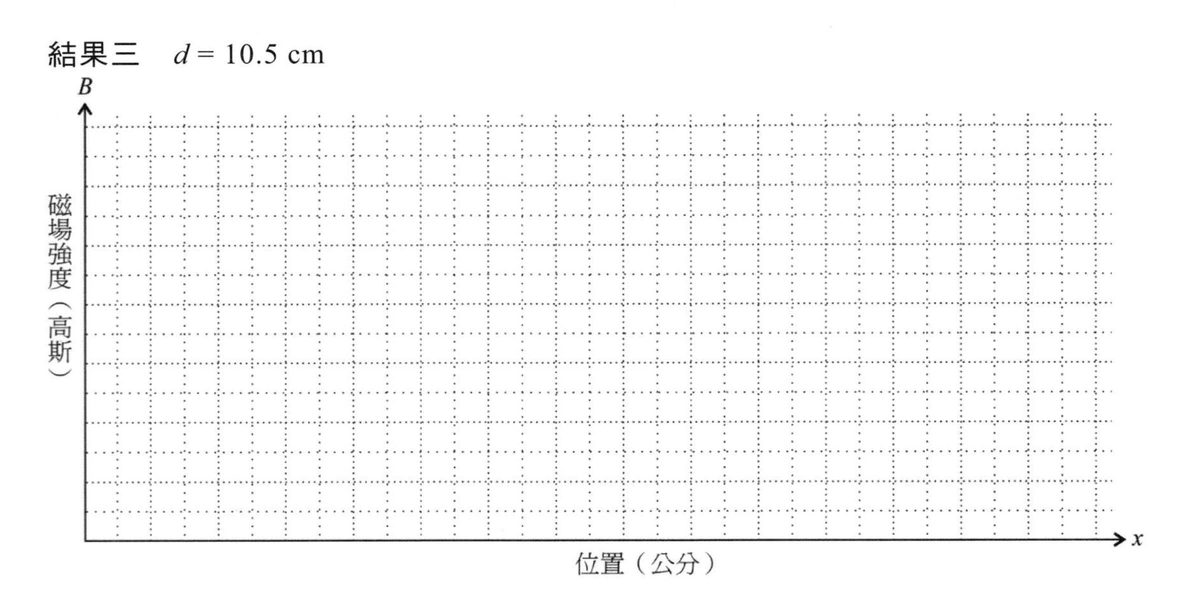

結果四　$d = 15$ cm

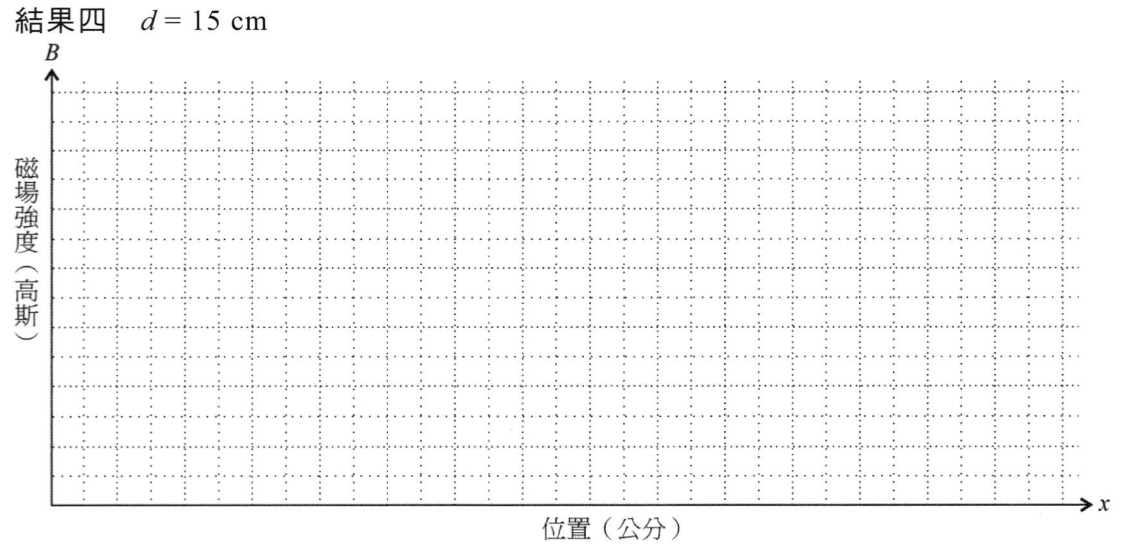

請討論結果二～四，比較空間中磁場的分布。

實驗

21 感應電動勢測定實驗

目　的

觀察感應電動勢所產生之感應電流，以了解電磁感應之現象。

儀　器

原線圈、副線圈、鐵棒、磁棒、檢流計、連接線、直流電源。如圖 21-1 (a)(b)(c)。

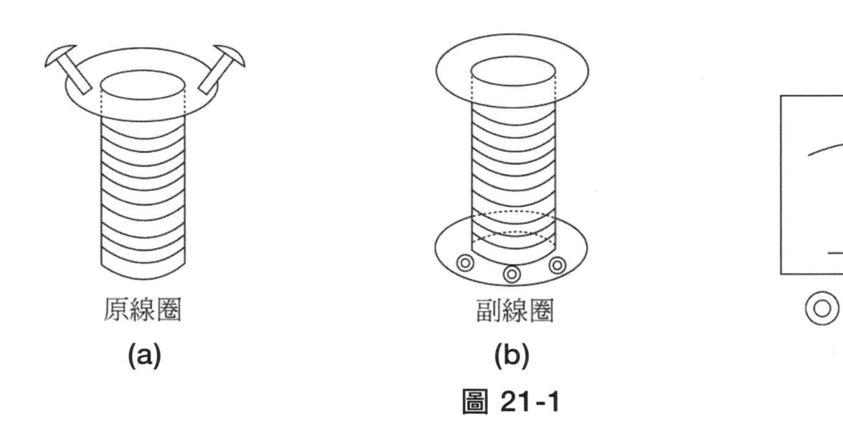

(a)　(b)　(c)

圖 21-1

原　理

1820 年丹麥物理學家奧斯特的一次偶然發現，使得原本互不相干的電學和磁學有了連接關係，他在一次課堂上示範電流實驗時，意外發現導線管邊的指南針，會因導線中通過電流而偏轉，經過多次實驗，他證實導線電流會在它的周圍產生磁場，這種現象稱為**電流的磁效應**。

電流磁效應的發現引起英國物理學家法拉第的深思，他想電流既然能產生磁場，那麼，磁場是否也能產生電流？法拉第經過多年的實驗和思考，於 1831 年率先發表他的研究成果，而差不多在同時，美國物理學家亨利也觀察到相同的現象。

法拉第發現穿過一封閉線圈的磁通量（磁力線數目）發生變化時，線圈內就會產生電流，稱為**感應電流**。此種感應電流的產生，表示線圈中因感應產生了電壓，稱為**感應電動勢**。法拉第還找出了感應電動勢 ε 與磁通量Φ_B之間的定量關係，他發現感應電動勢的大小等於通過該線圈之磁通量的時間變化率，即

$$\bar{\varepsilon} = -N\frac{\Delta\Phi_B}{\Delta t} \tag{1}$$

上式中 N 表示線圈的匝數，$\Delta\Phi_B$為在時間Δt內通過線圈之磁通量的變化值，$\bar{\varepsilon}$為在這段時間內的平均感應電動勢，此式稱為**法拉第感應定律**，(1)式中負號表示感應電動勢的方向與磁通量變化的方向相反，換句話說，感應電流的方向是在產生一個可以反抗線圈中磁通量發生變化的磁場。

步　驟

一、物體（鐵棒、磁棒、原線圈）與副線圈間的相對運動

1. 在副線圈上選擇適當匝數與檢流計串聯。
2. 以鐵棒迅速插入及抽出副線圈，觀察並記錄檢流計指針偏轉的方向（左或右）和大小（刻度）。
3. 重作步驟 2，但改為緩慢地插入及抽出副線圈。
4. 依次改以 N 極向下的磁棒、S 極向下的磁棒、斷電的原線圈、通電的原線圈，重作步驟 2、3。
5. 改變副線圈上匝數與檢流計串聯，重作步驟 2、3、4。

二、原線圈上之電流變化使副線圈產生感應電流

1. 與乾電池相接的原線圈，仍然放在與檢流計串聯之副線圈中，兩者不作相對運動，原線圈內沒有介質。
2. 改變原線圈通電和斷電的狀態，觀察並記錄原線圈改變狀態之瞬間，檢流計指針偏轉的方向和大小。
3. 依次將鐵棒、N 極向下之磁棒、S 極向下之磁棒等介質放入原線圈之中心孔中，重作步驟 2。
4. 改變副線圈匝數，重作步驟 2、3。

預 習

1. 若Φ_B表示磁通量，t 表示時間，則$\Delta\Phi_B / \Delta t$的單位為何？ (A)安培 (B)庫侖 (C)伏特 (D)牛頓 (E)以上皆非。
2. 有一 200 匝的線圈，在 0.02 秒內，其線圈內之磁通量由 2×10^{-4} 韋伯增至 6×10^{-4} 韋伯，則線圈兩端之感應電動勢為若干伏特？

感應電動勢測定實驗

班級：　　　　　學號：　　　　　姓名：

日期：　　　　　組別：　　　　　同組同學：

記錄與分析

一、物體（鐵棒、磁棒、原線圈）與副線圈間的相對運動

匝數	運動物體	動作		偏轉的方向	偏轉的刻度
	鐵棒	迅速	進		
			出		
		緩慢	進		
			出		
	磁棒 N 極向下	迅速	進		
			出		
		緩慢	進		
			出		
	磁棒 S 極向下	迅速	進		
			出		
		緩慢	進		
			出		
	斷電的原線圈	迅速	進		
			出		
		緩慢	進		
			出		

匝數	運動物體	動作		偏轉的方向	偏轉的刻度
	通電的原線圈	迅速	進		
			出		
		緩慢	進		
			出		
	鐵棒	迅速	進		
			出		
		緩慢	進		
			出		
	磁棒 N 極向下	迅速	進		
			出		
		緩慢	進		
			出		
	磁棒 S 極向下	迅速	進		
			出		
		緩慢	進		
			出		
	斷電的原線圈	迅速	進		
			出		
		緩慢	進		
			出		
	通電的原線圈	迅速	進		
			出		
		緩慢	進		
			出		

二、原線圈上之電流變化使副線圈產生感應電流

匝數	原線圈內	動作	偏轉的方向	偏轉的刻度
	沒有介質	通電中		
	沒有介質	通電瞬間		
		斷電瞬間		
	鐵棒	通電瞬間		
		斷電瞬間		
	S 極向下磁棒	通電瞬間		
		斷電瞬間		
	N 極向下磁棒	通電瞬間		
		斷電瞬間		
	沒有介質	通電中		
	沒有介質	通電瞬間		
		斷電瞬間		
	鐵棒	通電瞬間		
		斷電瞬間		
	S 極向下磁棒	通電瞬間		
		斷電瞬間		
	N 極向下磁棒	通電瞬間		
		斷電瞬間		

MEMO

實驗

22 法拉第感應定律

目　的

一、以數位的方法驗證電磁感應與冷次定律。

二、以數位的方法驗證電磁感應與能量守恆定律。

儀　器

擺動線圈棒、可調間距磁鐵組（禁止拆開磁鐵）、磁棒一支、電子秤和三用電表（此三者放在講桌上）、支架與 A 型底座、電壓－電流感應器、旋轉感應器、GLX、GLX 電源線、電腦連接線一條（放在電腦桌）、Data Studio 軟體。

原　理

一、電磁感應定律

當一個擺動的線圈棒穿越強磁場時（圖 22-1），底端的線圈會有感應電動勢產生，此電動勢可藉由與線圈相連之電壓－電流感應器測量，GLX 則將數據在視窗描繪出電壓對時間的變化圖。

根據法拉第感應定律，線圈之磁通量變化率 $d\Phi_B / dt$ 所產生的感應電動勢 ε 為

$$\varepsilon = -N\frac{d\Phi_B}{dt} \tag{1}$$

其中 N 為線圈匝數。對本實驗而言我們可以將感應電動勢寫為

$$\varepsilon = -N\frac{d\theta}{dt}\frac{d\Phi_B}{d\theta} = -N\omega\frac{d\Phi_B}{d\theta} \tag{2}$$

其中 ω 為線圈棒擺動的角速度，其大小由旋轉感應器測量得知。

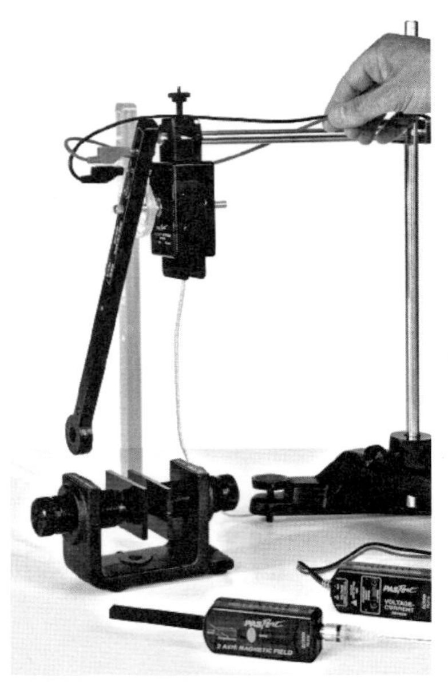
圖 22-1

二、能量守恆定律

假設線圈棒在開始擺動前與垂直線的夾角為 θ_i，線圈棒之質心位置離桌面的高度為 h_i，則其位能為 $U_i = mgh_i$。當線圈棒往下擺動時位能轉為動能與熱能，後者除了因機械摩擦以及空氣阻力而產生的熱能 Q_f 外，還有當線圈穿越磁場時因感應電流經過線圈與電阻器所產生的熱能 Q_r。由於這些因素當線圈棒擺動到另一側瞬間停止時，質心不會到達相同的高度而是到了較低的高度 h_f，此時線圈棒與垂直線的夾角為 θ_f，因此 $\theta_f < \theta_i$，如圖 22-2 所示。

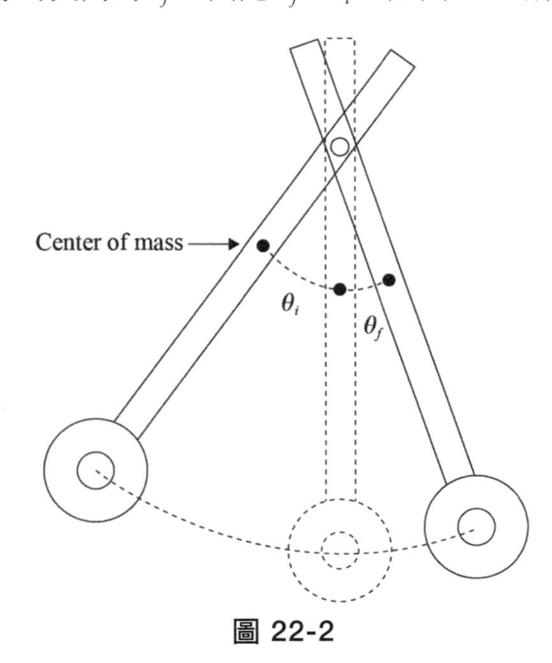

圖 22-2

如果質心與轉軸的距離為 ℓ，轉軸距離桌面的高度為 H，則線圈棒從靜止開始擺動橫切過磁場到達另一邊停止時其位能的損失（取正值）為

$$
\begin{aligned}
U &= mg(h_i - h_f) \\
&= mg[(H - \ell\cos\theta_i) - (H - \ell\cos\theta_f)] \\
&= mg\ell(\cos\theta_f - \cos\theta_i) \qquad (3)
\end{aligned}
$$

其中線圈棒含電阻器的質量為 $m = 90.1\text{g}$，質心與轉軸的距離為 $\ell = 9.0\,\text{cm}$，此兩者皆為標準值，可以自行測量。

如果先將磁鐵移開或者將線圈斷路（例如移除電阻線），讓線圈擺動一次，上面公式(3)的計算等於由機械摩擦與空氣阻力而導致的位能損失也就是摩擦力所產生的熱能 Q_f。另外感應電流與電阻所產生的熱能等於 GLX 所計算之電功率 p 對時間曲線圖下的面積：

$$Q_r = \int p\,dt \qquad (4)$$

其中的電功率為 $p = I^2(R+r) = (V/r)^2(R+r)$，其中線圈和電阻器的電阻分別為 $R = 1.9\Omega$ 與 $r = 4.7\Omega$，此為標準值也可以用三用電表重新測量之，線路如圖 22-3 所示（功率的計算公式需自行輸入 GLX 的「計算機」中，輸入的步驟參見本文後面）。從能量守恆可知，線圈棒擺動一次的位能損失等於摩擦力與電阻兩者所產生的熱能和：$U_{fr} = Q_f + Q_r$。

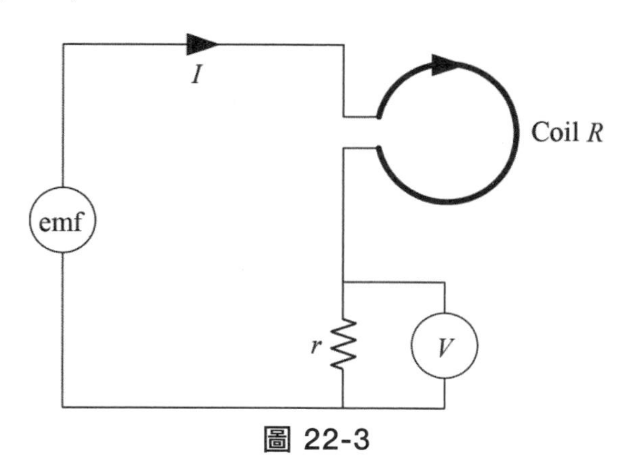

圖 22-3

步　驟

一、電磁感應定律

(一) 儀器裝置

1. 將 A 型底座的直立桿與橫桿相互垂直安置固定好，同時把旋轉感應器鎖在橫桿的末端，接著將線圈棒鎖到旋轉感應器的軸上如圖 22-4 所示。
2. 調整橫桿的高度，使圓形線圈正好位於磁鐵的中央位置，也調整兩磁鐵的間距，確定線圈棒擺動時不會碰到磁鐵。盡量縮減兩磁極間的距離，使線圈棒恰好能夠穿越為宜。
3. 把電壓－電流感應器與旋轉感應器插入 GLX 前端的插孔。
4. 將電壓－電流感應器的連接線接到線圈棒的頂端插孔，正極（紅色插頭）在上，負極（黑色插頭）在下，並讓電線鬆垂的掛在橫桿的上方如圖 22-4 所示，做實驗時也可以將電線稍微向上拉起，或移到另一端，如此當線圈棒擺動時，可以避免電線施加額外的力矩至線圈棒。

圖 22-4

（二）實驗

1. 打開 GLX 之電源，按首頁（首頁鍵），選取設定功能，按打勾（✓）進入，選取語言，按打勾（✓）進入，選取中文（繁體）。
2. 在首頁時按感應器 F4，設定電壓－電流感應器和旋轉感應器之設定參數如下：

(1) 電壓－電流感應器

取樣率單位	樣本／秒、秒、分鐘、小時
取樣率	1,000
降低／均勻 平均	關
電流	可見
電壓	可見

(2) 旋轉感應器

取樣率單位	樣本／秒
取樣率	50
降低／均勻 平均	關
線性位置刻度	小滑輪
啟動時自動歸零	現在將感應器歸零
角位置	可見
角速度	可見
角加速度	不可見
線位置	不可見
線速度	不可見
線加速度	不可見

電壓－電流感應器的取樣率為 1,000Hz，旋轉感應器為 50Hz，其中的線性位置刻度設為小滑輪，另外在線圈棒成垂直靜止狀態時將啟動時自動歸零選取開。

3. 按首頁（⌂），按圖表 F1，按打勾✓使縱軸反白，再按打勾✓進入，選取縱軸為電壓，橫軸為時間，此時在圖表內接著按圖表 F4，選取兩個測量，現在右邊垂直軸的標示為角位置（弧度），按打勾✓使縱軸反白，連續按右移鍵使右邊角位置反白，再按打勾✓進入，將角位置改為角速度（弧度／秒）。現在我們準備開始做第一個實驗，再次檢查導線確定它不會干擾線圈棒的擺動。直接按開始▶並隨即將線圈棒拉高一個任意角度（原則上不要太高）又馬上放開使其自由擺動穿越底部的磁場，當棒子開始回擺後按停止▶。
4. 按自動比例 F1，使電壓對時間的峰值曲線顯現出來，按比例／移動 F2 再按右移鍵數次使曲線放大，此時曲線會向右移動而看不見，再按比例／移動 F2 數次將放大的曲線圖移回視窗範圍內。
5. 按工具 F3，選取座標工具，記錄電壓曲線的起始點、結束點，以及兩峰值座標，並在實驗報告的方格紙中並描繪出曲線，同樣也就角速度的部分記錄相關的座標並畫出對應的角速度曲線，只需要記錄與電壓曲線相關的部分即可。要從電壓曲線轉換到角速度曲線只需要按打勾✓進入再按右移鍵到角速度的位置再按打勾✓進入，再按一次打勾✓就可以了。

二、能量守恆定律

1. 電壓－電流感應器與旋轉感應器的設定保持不變。
2. 按打勾✓將縱軸設為角位置（弧度），按上移到弧度再按打勾✓進入，選取角度，將縱軸改為角位置（角度），橫軸為時間。
3. 在線圈棒垂直靜止時按開始▶後將線圈棒拉高後隨即自然放開線圈棒，當它擺到另一側開始回擺時馬上按停止▶，接著按自動比例 F1，此時在視窗中可以看到角度為 20°的水平線。
4. 在線圈棒垂直靜止時按開始▶，接著馬上將線圈棒慢慢拉高同時眼睛注視窗中曲線的移動，直到線圈棒的角度到達 20°的水平線時稍微穩住，然後放開線圈棒使其自然擺動下落（注意手的動作盡量不要給線圈棒任何的作用力），當它到達另一側開始回擺時按停止▶。

5. 按工具 F3，選取座標工具，從角度曲線中找出線圈棒的初角度 θ_1（等於 20°，如果操作的很準確）與末角度 θ_2（等於角度曲線之峰值），記錄此角度於實驗表格中，將這兩個角度代入公式(3)可以得到總位能損失 U_{fr}。理論上總位能損失應等於摩擦力與電阻兩者所產生的總熱能 $Q_{fr} = Q_f + Q_r$。
6. 按首頁再按計算機 F3，按照本文後面注意事項的方法輸入電功率的計算。輸入完後按打勾✓使縱軸角位置反白，再按✓進入選取剛才所輸入的 power，現在可以在視窗看到電功率的曲線，這裡會出現兩個以上之正峰值曲線，它們對應到線圈棒所作的擺動（每擺動一次會有兩個正峰值曲線），接著按工具 F3，選取座標工具將座標隱藏，然後選取面積，按比例／移動 F2 以及右移鍵數次將曲線部分放大，再按比例／移動 F2 將放大的曲線圖移回視窗範圍。最後移動游標將兩峰值曲線的面積計算出來，此面積即為電阻所產生之熱能 Q_r，將其記錄於實驗表格中（正確的面積或能量單位為 $W \cdot s$）。
7. 將線圈斷路，測量摩擦力所消耗的位能。

   方法 1：將電阻器拔出來，接著再將上面那一端（紅色插頭）裝回去，另一個插頭則靠在線圈棒的側邊，這樣的情形不至於改變原來的質心位置太多。

   方法 2：電阻器不拔出來，而把桌面上的磁鐵移開遠離線圈棒，這樣的好處是質心位置保持不變，但線圈棒在底部之空氣阻力可能與方法 1 稍有不同。
8. 線圈斷路後，將縱軸改為角位置（角度），橫軸為時間，重複步驟 4 與 5。
9. 假設上面步驟 8 所得之初與末角度分別為 φ_1 與 φ_2，使用公式(3)所計算之熱能為 Q'_f，則摩擦力每單位角度所損耗的位能為 $Q_\varphi = Q'_f / (\varphi_1 + \varphi_2)$，其中 φ_1 與 φ_2 皆需取正值。因此實際上摩擦力在步驟 6 所產生的熱能大約應等於 $Q_f = Q_\varphi(\theta_1 + \theta_2)$，其中 θ_1 與 θ_2 皆需取正值。

注意事項

從首頁選取計算機 F3 輸入電功率 power（單位為 W）的計算式。

1. 若使用標準值則輸入：$\text{power} = ([\text{電壓}(V)]/4.7)\verb|^|2*6.6$。（計算機中無法輸入單位瓦特 W）
2. 若自行測量電阻值則將所測之 r 和 R 值代入：$\text{power} = ([\text{電壓}(V)]/r)\verb|^|2*(R+r)$。
3. 使用標準值輸入的步驟如下：
   (1) 先按**編輯 F4** 選**數字鎖**，按打勾✓將原先設定的數字鎖解除。
   (2) 輸入：power = 。
   (3) 按**函數 F1** 選括弧：( ) 。
   (4) 按**數據 F2** 選：$[\text{電壓}(V)]$。
   (5) 輸入：/4.7。
   (6) 按**函數 F1** 選：^2 。
   (7) 輸入：*6.6 。

法拉第感應定律

班級： 學號： 姓名：

日期： 組別： 同組同學：

記錄與分析

一、感應電動勢(V)與角速度(rad/s)關係圖

請在右側垂直軸依據 GLX 的輸出圖設定適當的角速度比例尺，使用所擷取的座標畫出感應電動勢與角速度相對於時間的變化圖。

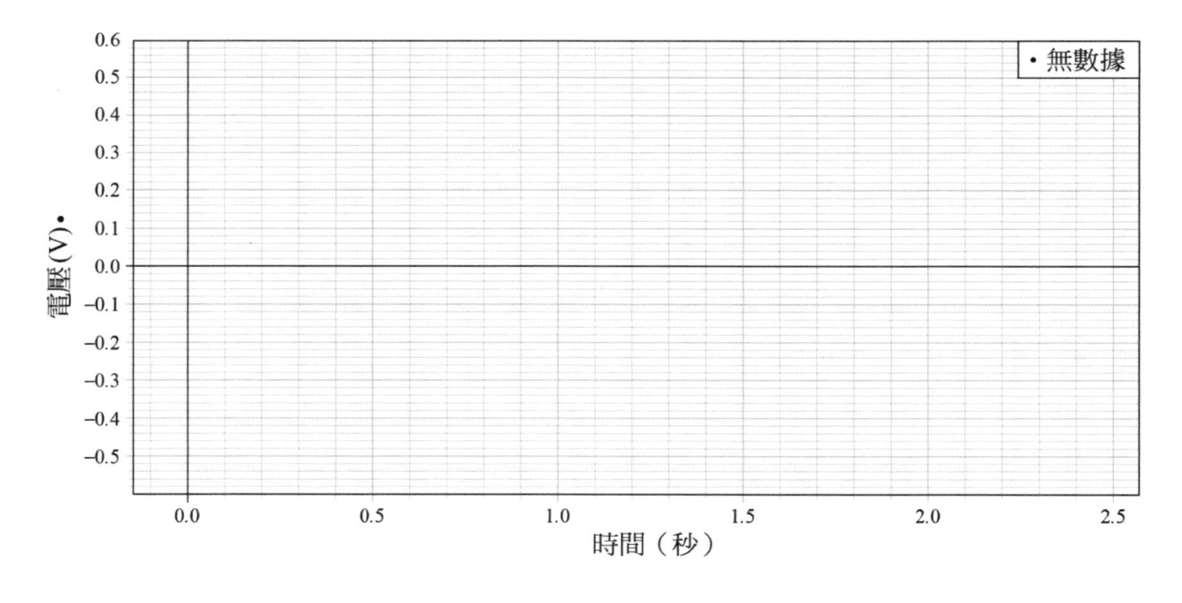

二、感應電動勢與能量守恆定律

次數	初角度		末角度		摩擦力之熱能 Q_f (mJ)	電阻之熱能 Q_r (mJ)	總熱能(mJ) $Q_{fr}=Q_f+Q_r$	總位能損失 U_{fr} (mJ)
	θ_1	φ_1	θ_2	φ_2				
1								
2								
3								

討論

一、感應電動勢(V)與角速度(rad/s)關係圖

1. 說明上圖的電壓曲線中為何兩峰值出現的時間與電壓為零極為接近？
2. 解釋兩峰值曲線中間電壓為零的物理意義。
3. 就線圈棒之角速度與電壓而言，(a)線圈棒之角速度最大時為電壓開始出現的前一瞬間，接著角速度持續下降，為何如此？(b)在電壓變化的範圍內，線圈棒的角速度在某些時段呈現出幾乎沒有變化的情形，為何如此？

二、能量守恆定律

計算百分誤差：$\dfrac{|Q_{fr}-U_{fr}|}{U_{fr}}\times 100\%=$ ____________ 。

實驗

23 光線的軌跡

目　的

藉由光線的軌跡學習光線的反射與折射定律、光線全反射與色散現象以及面鏡與透鏡的成像原理。

儀　器

平行光源產生器、單縫及三縫鐵片、平面鏡、凹面鏡、凸面鏡、凹透鏡、凸透鏡、壓克力磚（半圓形與梯形各一）、三稜鏡。

原　理

本實驗以直線傳播的觀點，引用幾何原理來分析光的反射和折射現象，以及平面鏡、凹面鏡、凸面鏡、凹透鏡、凸透鏡的成像性質，分述如下。

一、反射定律與平面鏡成像

一束光線入射到一鏡面上，而被鏡面所反射，如圖 23-1 所示。光的反射定律指出入射線與法線的夾角 θ（入射角）應等於反射線與法線的夾角 θ'（反射角），即 $\theta=\theta'$。

根據反射定律，若在平面鏡前有一點光源（物），由點光源所發射來的任何光線經平面鏡反射後，其反射線往後延伸皆會相交於一點（像），如圖 23-2 所示。光線似乎從像點發射出來，但實際上光線並未經過該點，故稱為虛像。對平面鏡而言，物和鏡面的距離 p（物距）與像和鏡面的距離 q（像距）相等。

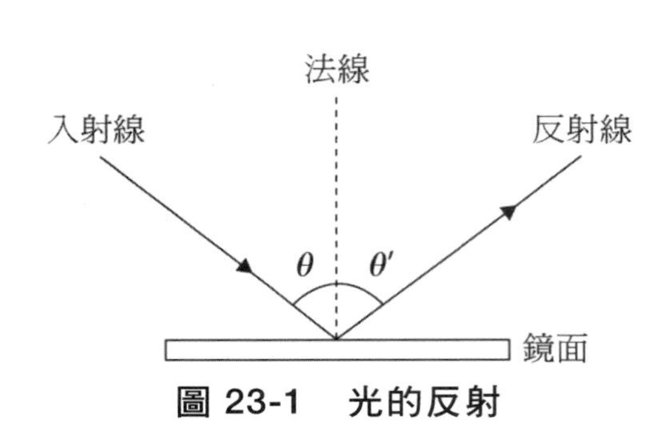

圖 23-1　光的反射

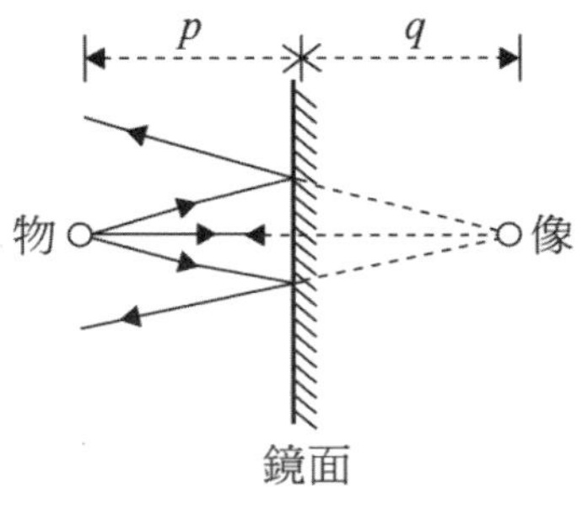

圖 23-2　平面鏡成像

二、球面鏡的反射成像

球面鏡可分為兩類，若以球的內表面作為反射面者，稱為凹面鏡；若以球的外表面作為反射面者，稱為凸面鏡。對於孔徑遠小於曲率半徑 R 的球面鏡而言，一束平行於主軸的入射光線，其反射線（或反射線往後之延長線）大致均通過主軸上的一點，此點稱為焦點，如圖 23-3(a)和(b)所示。焦點與鏡頂間的距離稱為焦距，以符號 f 表示。

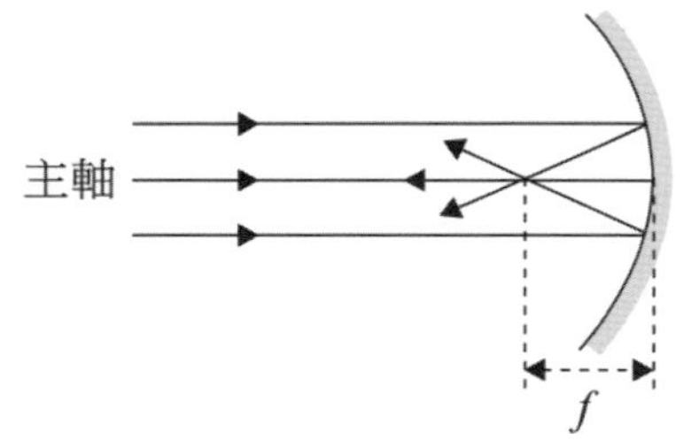

圖 23-3(a)　凹面鏡實的焦點

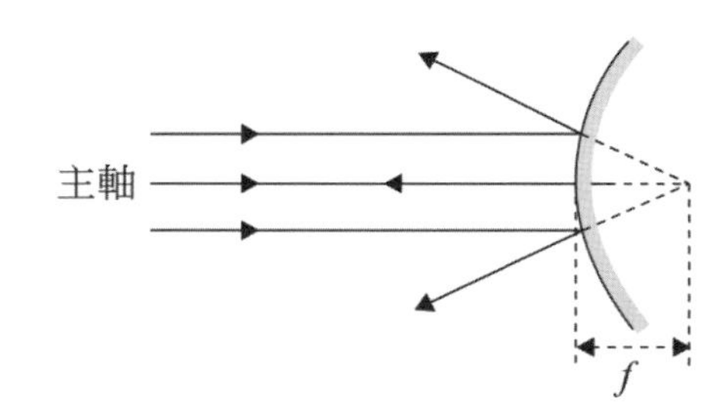

圖 23-3(b)　凸面鏡的虛焦點

將物體放於球面鏡與鏡頂距離為 p（物距）的位置上，球面鏡的焦距為 f，則成像的位置與鏡頂的距離為 q（像距），如圖 23-4(a)和(b)所示，此 3 個長度滿足成像公式

$$\frac{1}{p}+\frac{1}{q}=\frac{1}{f}\,, \tag{1}$$

式(1)應用於凹、凸面鏡時，其正負號作如下約定：

1. **物距**：物距 p 取正。
2. **焦距**：凹面鏡的焦距 f 取正，凸面鏡的焦距 f 取負。
3. **像距**：若由成像公式計算所得之像距 q 為正值時，表示其像在鏡前，為倒立實像；當 q 為負值時，表示其像在鏡後，為正立虛像。

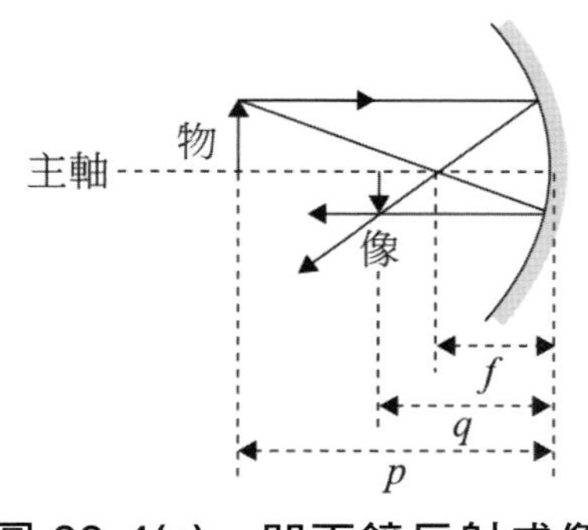

圖 23-4(a) 凹面鏡反射成像

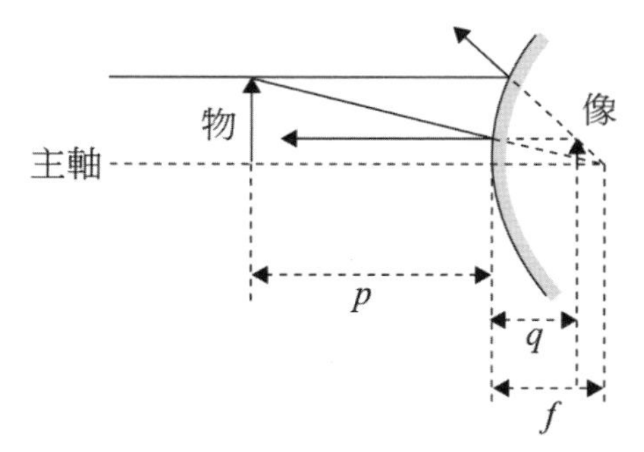

圖 23-4(b) 凸面鏡反射成像

三、折射定律、全反射與色散現象

光線在不同介質中傳播的速度並不相同，因此當光線行經不同介質的界面時常會有偏折的現象發生，如圖 23-5 所示。光線由介質 1 射入介質 2 時光線方向改變，折射定律指出入射線和法線的夾角 θ_1（入射角）的正弦與折射線和法線的夾角 θ_2（折射角）的正弦之比值為一常數，即

$$\frac{\sin\theta_1}{\sin\theta_2}=\frac{n_2}{n_1}=\text{常數}， \tag{2}$$

式(2)又稱為斯乃耳定律，其中 n_2 和 n_1 分別為介質 2 與介質 1 之折射率。

若光線由光密介質（折射率較大）射入光疏介質（折射率較小），當入射角不大時，光線部分反射部分折射，且折射角大於入射角。因此，當入射角增大到某一特定角度時，折射線會沿著界面進行，此時之入射角稱為臨界角 θ_c。當入射角再增大時，所有的入射線均由界面反射回光密介質中，此現象稱為全反射，如圖 23-6 所示。

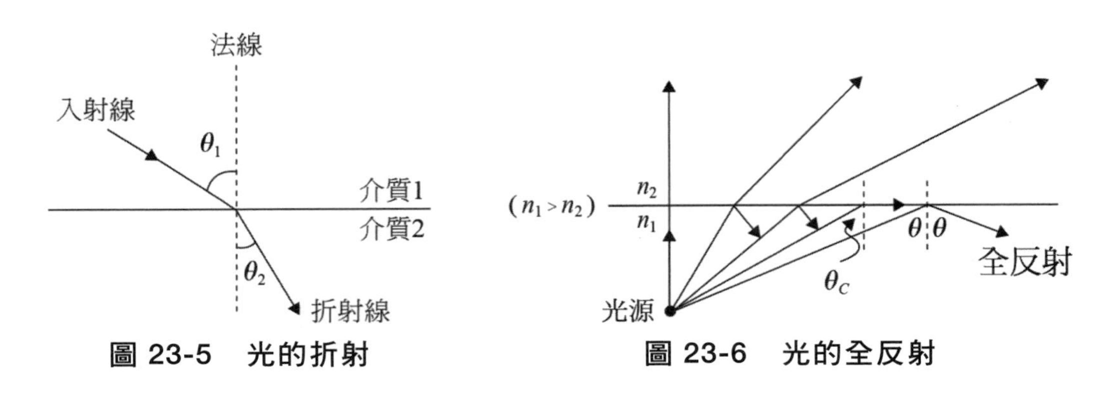

圖 23-5　光的折射　　圖 23-6　光的全反射

對同一介質而言，其折射率通常隨入射光波長之增加而減少，也就是說，波長較長之紅光的折射率小於波長較短之紫光，故紅光的偏向角（透射光線和入射光線之夾角稱為偏向角，如圖23-7(a)所示）將小於紫光。因此，以相同的角度入射於三稜鏡時，各色光會有不同的偏向角，而使各色光分離，此現象稱為色散，如圖23-7(b)所示。

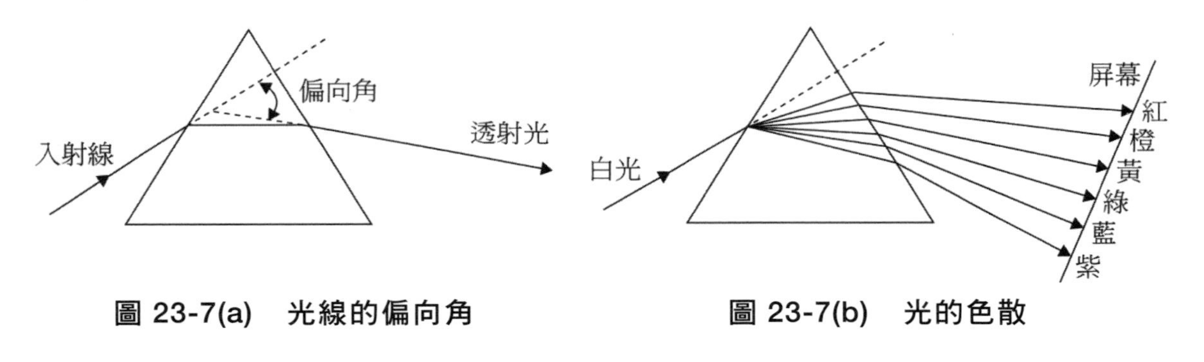

圖 23-7(a)　光線的偏向角　　圖 23-7(b)　光的色散

四、透鏡成像

將透明物質的兩面磨成球面，或一為球面一為平面（曲率半徑視為無窮大），皆稱為球面透鏡。中央部分較邊緣為厚者稱為凸透鏡，較邊緣為薄者稱為凹透鏡。如果透鏡很薄（厚度遠小於透鏡任一球面的曲率半徑），且入射光線與主軸的夾角均甚小（近軸光線），遠方之物所發出平行於主軸的光線，經過凸透鏡的兩次折射後，將會聚於主軸上的同一點，此點稱為凸透鏡的（實）焦點，焦點與透鏡間的距離稱為焦距 f，如圖 23-8(a)所示；平行光經凹透鏡折射後，其發散光線的往後延長線會交於主軸上的一點，此點稱為凹透鏡的（虛）焦點，其與透鏡的距離亦稱為焦距 f，如圖 23-8(b)所示。對於薄透鏡而言，其兩側的焦點至透鏡的距離相等。

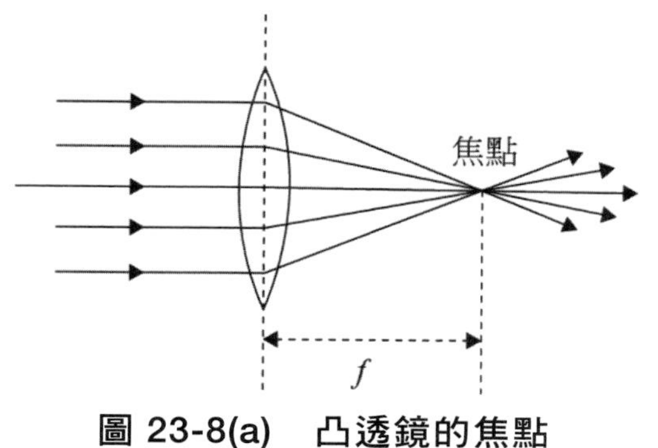

圖 23-8(a) 凸透鏡的焦點

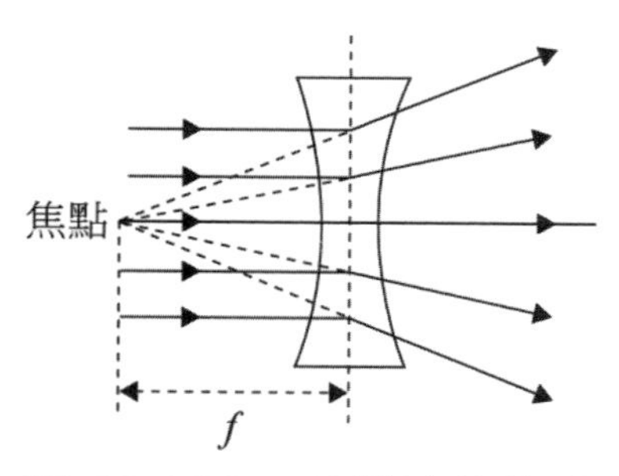

圖 23-8(b) 凹透鏡的焦點

將物體放於球面透鏡前，距透鏡中心的距離為p（物距）的位置上，透鏡的焦距為f，則會成像的位置與鏡頂的距離為q（像距），如圖23-9(a)和(b)所示；此3個長度滿足成像公式如下：

$$\frac{1}{p}+\frac{1}{q}=\frac{1}{f} \tag{3}$$

對單一透鏡而言，在使用上面之成像公式時，必須遵守下述的規則：

1. 物距：物距 p 取正。
2. 焦距：對凸透鏡（會聚透鏡）而言，焦距 f 為正。對凹透鏡（發散透鏡）而言，焦距f為負。
3. 像距：若由成像公式所算出之像距q為正，則像與物在透鏡的異側，為倒立實像。反之，若像距q為負，則像與物在透鏡的同側，為正立虛像。

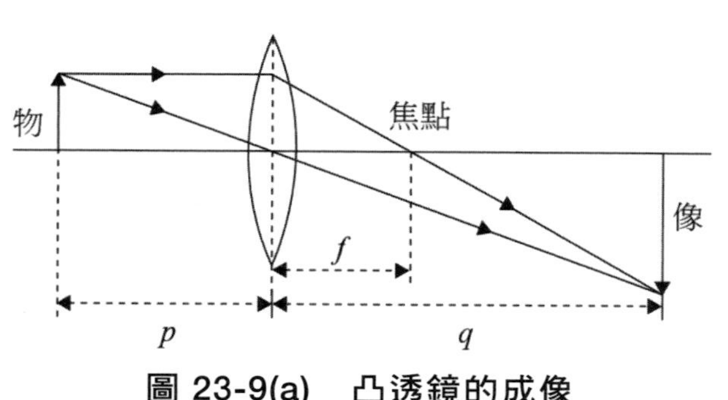

圖 23-9(a) 凸透鏡的成像

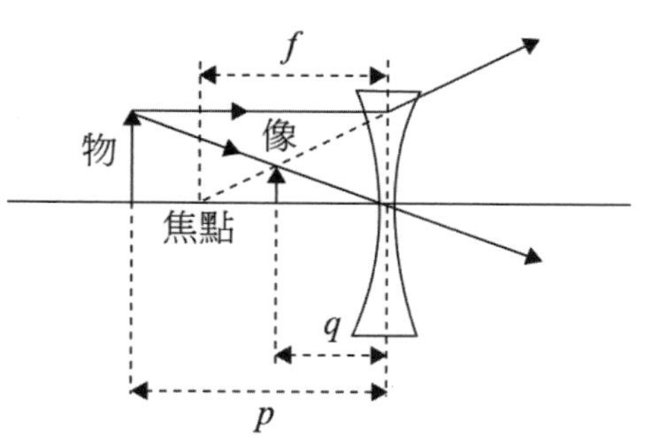

圖 23-9(b) 凹透鏡的成像

步　驟

將實驗記錄紙（或白紙）舖於光線軌跡儀上，接上電源，開燈並在窗口安放單縫或三縫鐵片，在出現一組平行光線後，置欲實驗的鏡片或光學元件在平行光所經過的適當位置，如下所述。並在記錄紙上作圖，以實際尺寸描繪鏡片輪廓、光線行進的軌跡及必要之延長虛線，以方便進一步測量、計算及驗證。

一、反射定律與平面鏡成像[1]

1. 如圖 23-10 所示，取一單縫鐵片放入窗口形成一條光線，平面鏡放在適當位置，讓光線經鏡面反射，作圖並用量角器量取入射角 i 和折射角 r，驗證反射定律。

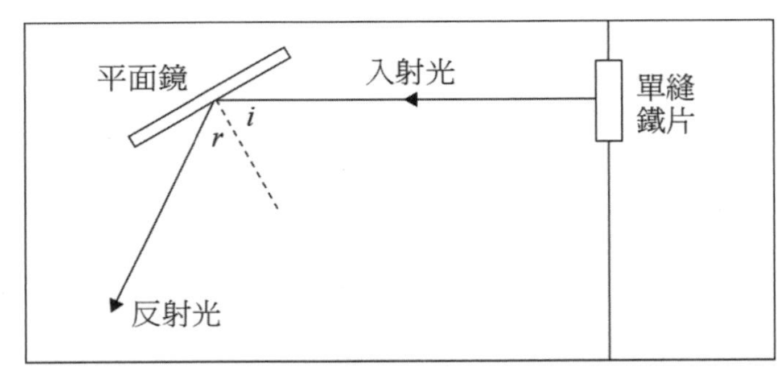

圖 23-10　平面鏡反射

2. 取一三縫鐵片放入窗口形成三條平行光線，放置一半圓形壓克力磚在窗口前，再取一平面鏡置於適當位置，造成如圖 23-11 所示之光軌跡，作圖並用直尺量取物距 p，像距 q。比較兩者是否相等？

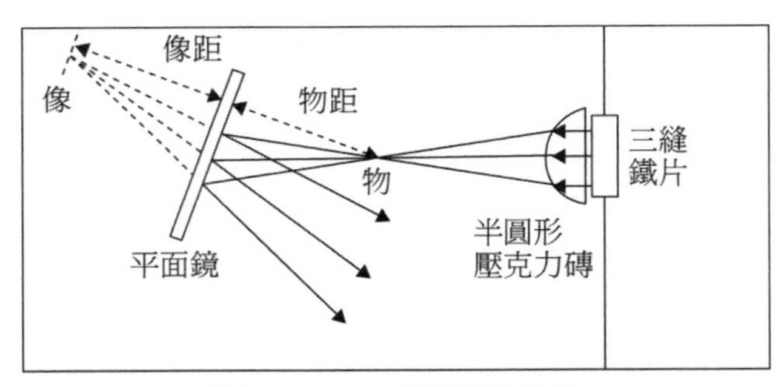

圖 23-11　平面鏡成像

1　若實驗課的時間較短，可以省略步驟一的項次。

二、球面鏡的反射成像

1. 如圖 23-12(a)所示，取一三縫鐵片放入窗口形成三條平行光線，將凹面鏡放在適當位置，讓平行光反射後聚焦於一點，作圖並用直尺量取焦距 f。

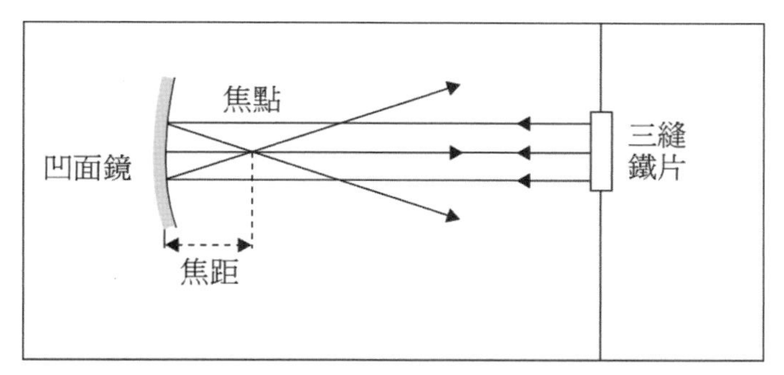

圖 23-12(a)　凹面鏡的焦點

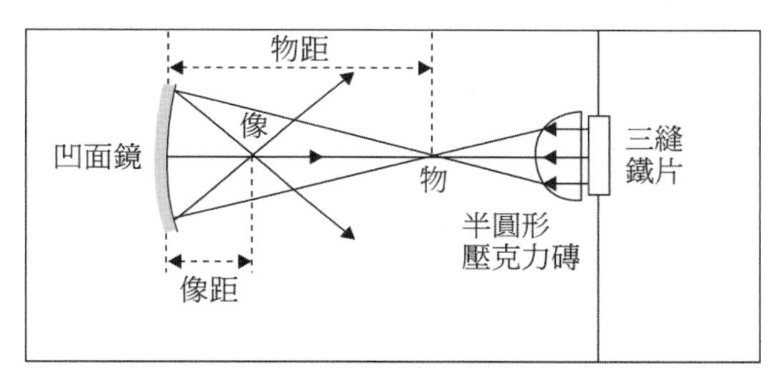

圖 23-12(b)　凹面鏡的成像

2. 取一半圓形壓克力磚置於窗口前，將步驟1之凹面鏡放於適當位置，造成如圖 23-12(b)所示之光軌跡，作圖並用直尺量取物距 p 和像距 q。代入步驟 1 所測得焦距 f，驗證公式(1)。
3. 取一個凸面鏡取代凹面鏡，重複步驟1和2的過程，如圖 23-13(a)和(b)所示，但在驗證公式(1)時，q 及 f 均取負值。

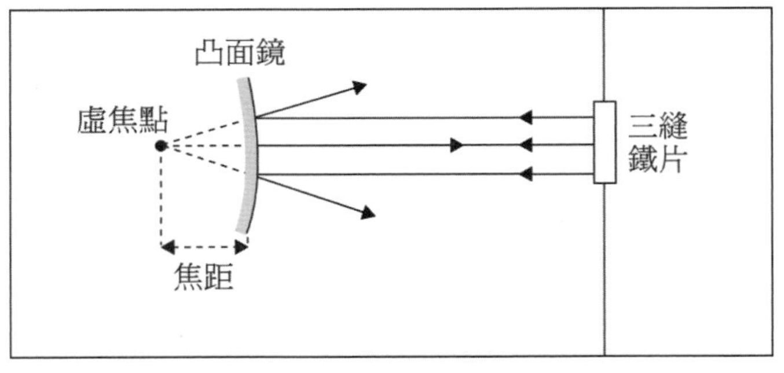

圖 23-13(a)　凸面鏡的焦點

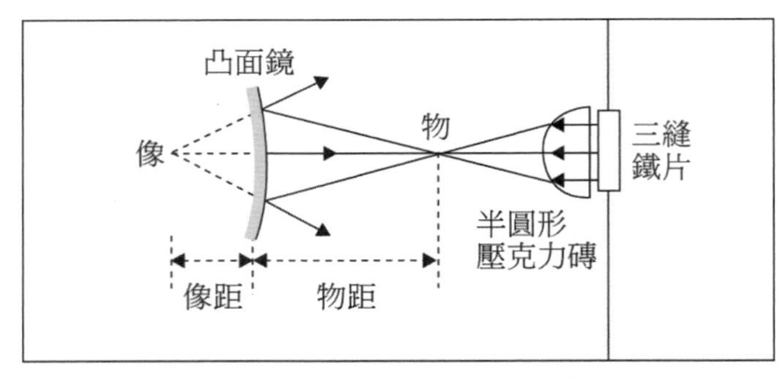

圖 23-13(b)　凸面鏡的成像

三、折射定律、全反射與色散現象[2]

1. 取一梯形壓克力磚置於光線經過處，造成如圖 23-14 所示之光軌跡，作圖並用量角器量取入射角 i 及折射角 r，計算壓克力磚之折射率 $n=\dfrac{\sin i}{\sin r}$。（假設空氣的折射率等於 1。）

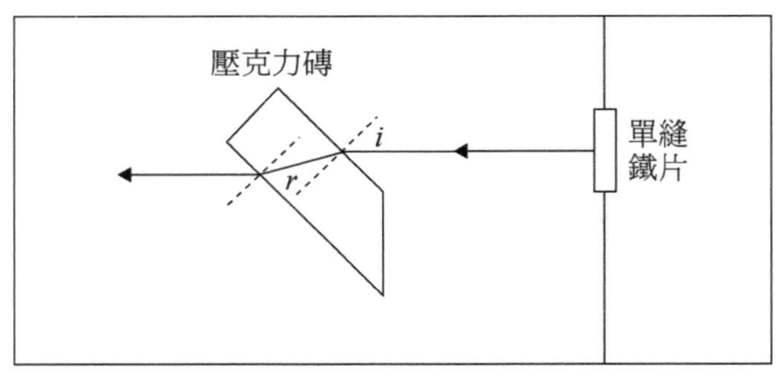

圖 23-14　光之折射

[2] 若實驗課的時間較短，可以省略步驟三的項次 1 和 2。

2. 另取一半圓形壓克力磚，將其放置於當角度，使光線沿半徑射入通過圓心，此時入射光線呈現出部分反射及部分透射，如圖 23-15 所示，作圖並量取入射角 i 及折射角 r'，計算壓克力磚之折射率 $n=\dfrac{\sin r'}{\sin i}$ 。

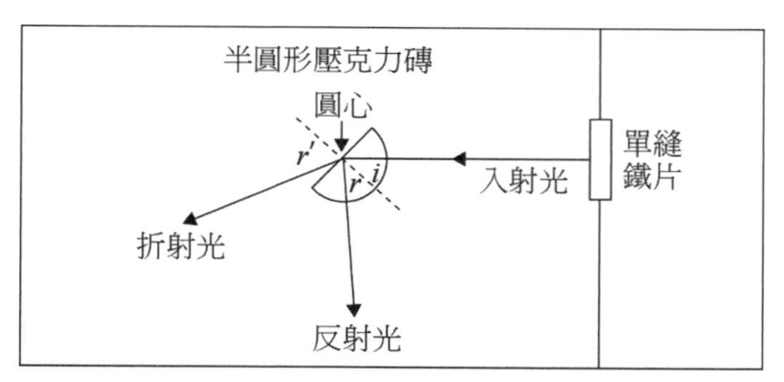

圖 23-15　光的入射、反射與折射

3. 延續圖 23-15 之實驗，慢慢轉動壓克力磚，使折射角 r' 漸漸增加，直到 $r'=90°$，作圖並量取此時之入射角（即臨界角 θ_c），如圖 23-16(a)，計算壓克力磚之折射率 $n=\dfrac{1}{\sin\theta_c}$ 。當入射角大於 θ_c，則可觀察到全反射，如圖 23-16(b)。

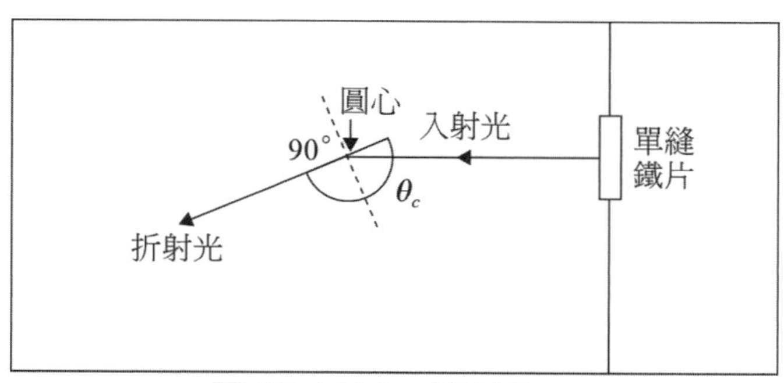

圖 23-16(a)　臨界角 θ_c

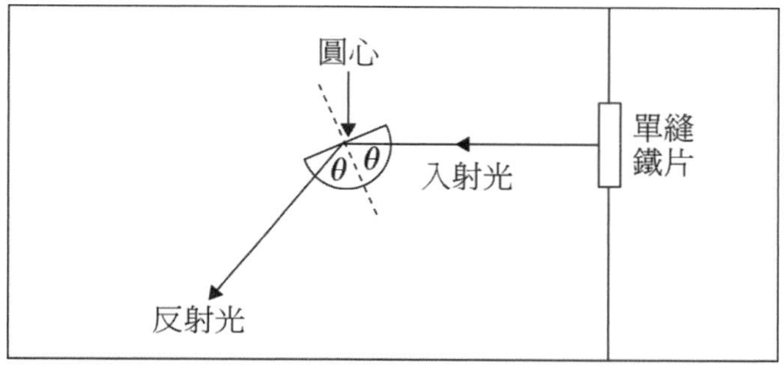

圖 23-16(b)　全反射

4. 如圖 23-17 所示，取一單縫鐵片放入窗口形成一條光線，將三稜鏡放在適當位置，讓光線經三稜鏡折射，觀察並畫出光之色散現象。何種色光之偏向角最大？何種色光之偏向角最小？

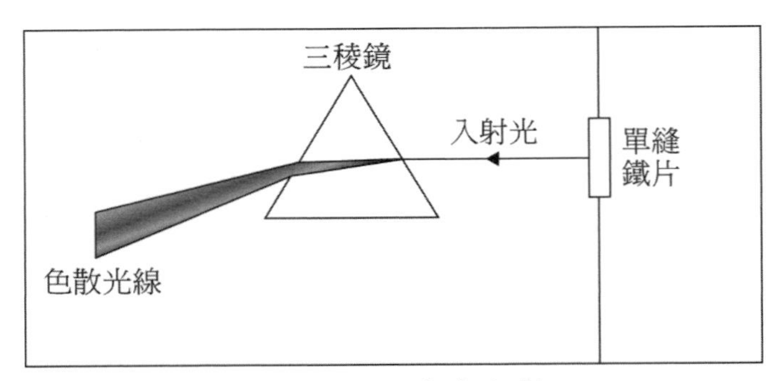

圖 23-17　光之色散

四、透鏡成像

1. 如圖 23-18(a)所示，取一三縫鐵片放入窗口形成三條平行光線，在適當位置放一凸透鏡，讓平行光折射後聚焦於一點，作圖並量取焦點至透鏡中央之距離，即為凸透鏡之焦距 f。
2. 取一半圓形壓克力磚置於窗口前，將步驟1之凸透鏡放於適當位置，造成如圖 23-18(b)所示之光軌跡，作圖並量物距 p 及像距 q。驗證公式(3)。

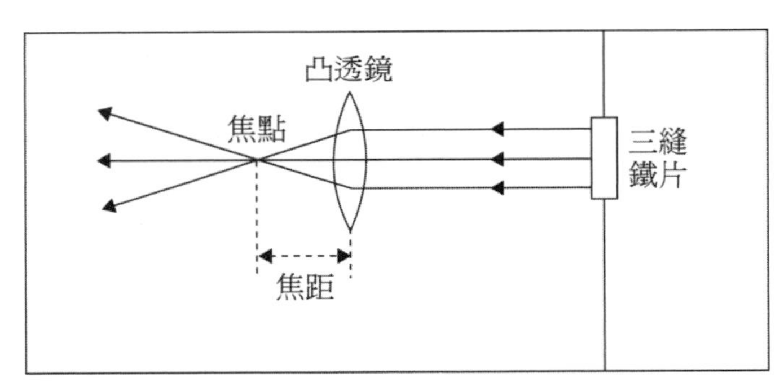

圖 23-18(a)　凸透鏡之焦點

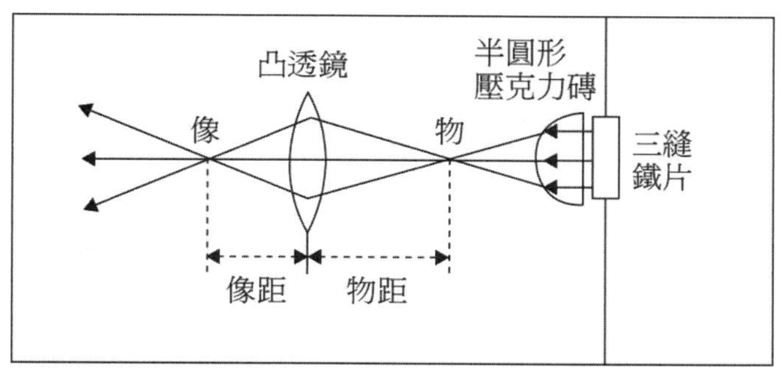

圖 23-18(b) 凸透鏡之成像

3. 取一凹透鏡取代凸透鏡，重複步驟1和2，如圖 23-19(a)和(b)所示，驗證公式(3)時，像距 q 和焦距 f 取負值。

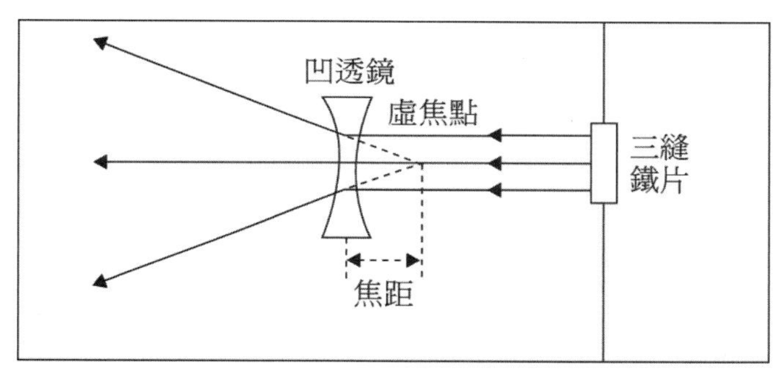

圖 23-19(a) 凹透鏡之焦點

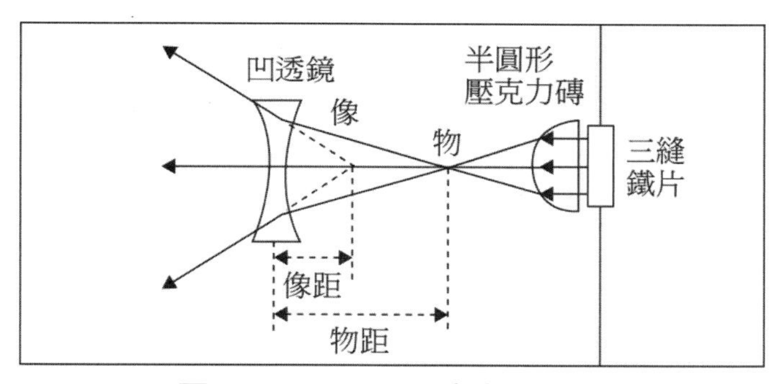

圖 23-19(b) 凹透鏡之成像

實驗

23 光線的軌跡

班級： 學號： 姓名：

日期： 組別： 同組同學：

記錄與分析

（作圖部分使用一般的 A4 影印紙，並註明名稱，並將相關之測量、計算及驗證寫於圖旁以方便對照，作為本實驗報告的附件。最後，將結果謄寫到本記錄表上。）

一、反射定律與平面鏡成像

項次	名稱	入射角 i	反射角 r	物距 p(cm)	像距 q(cm)
1*	反射定律				
2*	平面鏡成像				

*表示當實驗課時間不足時，建議略過的項次。

二、球面鏡的反射成像

項次	球面鏡	物距 p(cm)	像距 q(cm)	焦距 f(cm)	$\frac{1}{p}+\frac{1}{q}$	$\frac{1}{f}$
1	凹面鏡					
2	凸面鏡					

三、折射定律、全反射與色散現象

項次	名稱	入射角 i	折射角 r 或 r'	折射率 n
1*	折射定律（梯形壓克力磚）			$n=\dfrac{\sin i}{\sin r}=$
2*	折射定律（半圓形壓克力磚）			$n=\dfrac{\sin r'}{\sin i}=$
3	全反射	臨界角 $\theta_c=$		$n=\dfrac{1}{\sin\theta_c}=$
4	色散現象	光線偏向角最大之色光為______；偏向角最小之色光為________。		

*表示當實驗課時間不足時，建議略過的項次。

四、透鏡成像

項次	透鏡	物距 p(cm)	像距 q(cm)	焦距 f(cm)	$\dfrac{1}{p}+\dfrac{1}{q}$	$\dfrac{1}{f}$
1	凸透鏡					
2	凹透鏡					

討論

1. 根據平面鏡反射的實驗結果驗證反射定律。
2. 分別以凹面鏡和凸面鏡反射成像的結果驗證公式(1)。
3. 分別以凸透鏡和凹透鏡折射成像的結果驗證公式(3)。

實驗 24

光的干涉

目　的

觀察光的雙狹縫干涉現象，了解光具有波動性質，進而測量單色光的波長。

儀　器

光學吸附平台、雷射光源、光具座、雙狹縫片（不同縫距）兩片、繞射刻度尺、刻度尺支撐架。

原　理

十七世紀初葉，惠更斯(Huygens)提出一個學說，光是一種波動，每一行進波，其波前上各點均為次波的小波源，這些次波的切面即成一新波前，以此類推，便可知道光進行的軌跡。楊氏(Young)首先從事證明光具有波動性的實驗。使光源所發出之光，進入一雙狹縫，可視為兩個新波源，彼此同相，這兩個新波源所發出之波將互相干涉，而在屏幕上產生明暗相間的條紋，這是波的干涉現象，如圖 24-1，可藉此判斷光是波動。後人亦稱雙狹縫干涉實驗為楊氏實驗。

圖 24-1

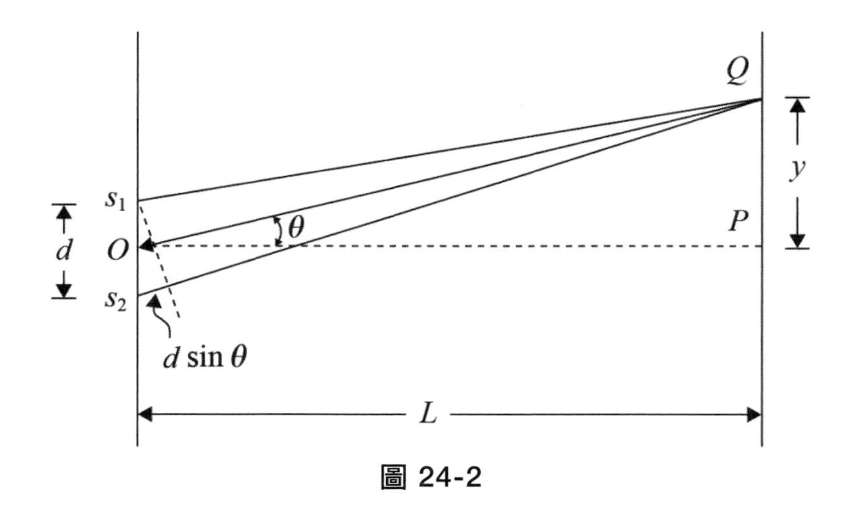

圖 24-2

如圖 24-2 所示，設 d 為雙狹縫間的距離，λ 為所用單色光的波長，θ 為 OP 與 OQ 所成之夾角，則在 Q 點上所產生的干涉情形為

若為亮線（建設性干涉），$d\sin\theta = n\lambda$ (1)

若為暗線（破壞性干涉），$d\sin\theta = (n-1/2)\lambda$ (2)

其中 n 為正整數，$n=0$ 時為中央亮線，同時干涉條紋必對稱於 P 點。

如果 $L >> y$，則 $\sin\theta \fallingdotseq \tan\theta = y/L$，代入式(1)及(2)

得

亮線 $\lambda = dy/nL$ (3)

暗線 $\lambda = dy/(n-1/2)L$ (4)

式(3)及(4)中，n、y及 L均可量測，d則可看狹縫片上的標示值，因此就可算出單色光的波長 λ 值。如已知單色光的波長，則可校驗兩狹縫間的距離。

步　驟

1. 儀器裝置如圖 24-3 所示，將光具座與繞射刻度尺支撐架放在精密光學平台上，雷射光源放在光學平台的一邊，取一縫距較小之雙狹縫片吸附在光具座上，繞射刻度尺吸附在支撐架上，調整雙狹縫片與繞射刻度間的距離，建議為 90 公分，記為 L。

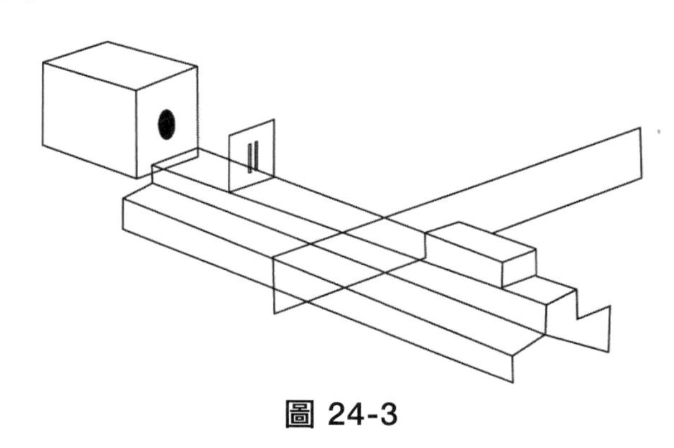

圖 24-3

2. 啟用雷射光源，使光線對準雙狹縫入射，則可在繞射刻度尺上，看見一系列的干涉條紋，且左右對稱，在繞射刻度上分別量出左右第一，第二與第三亮紋到中央亮紋的距離，記為 $y1$，$y2$，與 $y3$，並左右平均，求一平均值。前述測量方法供參考，亮紋可改為暗紋，條紋數亦可機動選擇。
3. 將所測得的數值代入式(3)及(4)，分別算出波長。
4. 依序調整雙狹縫片與繞射刻度尺之間的距離，建議調為 70 與 50 公分，重複上列步驟，再將所有波長值平均，並與雷射光波長標示值比較，算出百分誤差。
5. 換用另一縫距較大之雙狹縫片，重複上述之步驟。
6. 觀察雷射光通過空間中兩條鄰近的黑線是否具有類似的干涉條紋產生？

注意事項

使用雷射光源應注意事項如下：

1. 切勿使眼睛正對光束，或由雷射光源出口往內看。
2. 切勿將雷射光投射到任何人的眼睛。
3. 不使用雷射光時，切勿開機。

4. 在雷射光束路程上，不放置易燃物或反射率高的物體。
5. 實驗中，如有可能受到雷射光照射，則應戴上護目鏡。
6. 雷射光源內部裝有高壓電源，不可隨意開啟，以免觸電。

預 習

1. 何謂建設性干涉？破壞性干涉？
2. 某色光的波長為 632.8 nm，入射於一未知縫距的雙狹縫，在距狹縫 2 公尺處的屏幕上產生干涉條紋，某生量得中央亮紋與第二亮紋間的平均距離為 3.2 毫米，則此雙狹縫片的兩狹縫間的距離為若干？

光的干涉

班級： 學號： 姓名：

日期： 組別： 同組同學：

記錄與分析

雷射光源：（雷射波長 λ = ________ nm ）

雙狹縫片(d = ________ mm)

L(cm)	n	y(mm)			波長 λ (nm)
		左	右	平均	

平均波長 λ = ________ nm

百分誤差 = ________ %

雙狹縫片(d=________mm)

L(cm)	n	y(mm)			波長 λ (nm)
		左	右	平均	

平均波長 λ =	nm
百分誤差 =	%

當雷射光通過空間中兩條鄰近的黑線是否具有類似的干涉條紋產生？

實驗 25

光的反射、折射與偏振

目　的

驗證光的反射定律、折射定律，並利用反射製造偏振光。

儀　器

半導體雷射、兩片偏振片（每組只有各放一片，再互相借用另一片）、量角台、透明半圓柱。

原　理

一、光的反射與折射

當一束光線射向不同介質之交界面時，會部分反射，部分折射，如圖 25-1，其間的關係為：

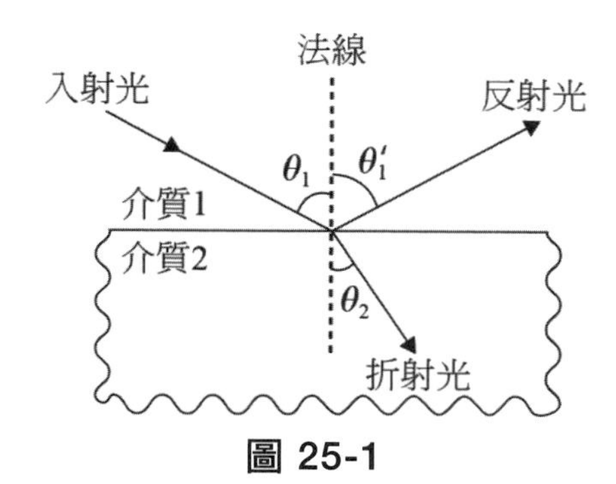

圖 25-1

1. 反射：入射角等於反射角，

$$\theta_1 = \theta_1'$$

2. 折射：斯捏爾折射定律(Snell's refraction law)，如下所述，單色光照射下，入射角與折射角的正弦比值是定值，此比值稱為此單色光之折射介質 2 相對於入射介質 1 的折射率 n_{21}，

$$n_{21} = \frac{\sin\theta_1}{\sin\theta_2}$$

以上為相對折射率。介質 2 相對於真空的折射率稱為介質 2 的絕對折射率 n_2，介質 1 相對於真空的折射率稱為介質 1 的絕對折射率 n_1，相對折射率與絕對折射率的關係為

$$n_{21} = \frac{n_2}{n_1}$$

二、光的偏振

光是電磁波，波中含有電場及磁場，以光速前進，電場 $\vec{E}$ 、磁場 $\vec{B}$ 與光速 $\vec{c}$ 的關係為 $\vec{E} = \vec{B} \times \vec{c}$ ，三者的方向互相垂直，如圖 25-2 所示。

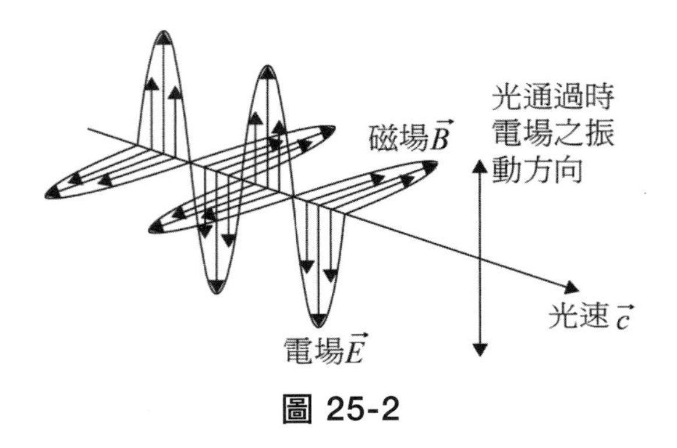

圖 25-2

當一束光中，前後波列的電場方向，皆互相平行時，稱之為偏振光，如圖 25-2 即是；反之，普通光源所發射之光束中，前後波列之電場方向散亂，不是偏振光，但是經過偏振片後，如圖 25-3，可以變成偏振光。

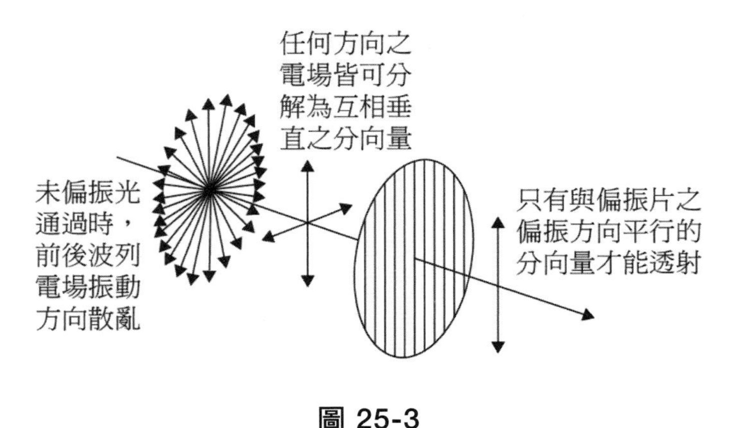

圖 25-3

偏振片有一偏振方向，光束中的任何電場沿此方向的分向量才可通過，因此，當兩個偏振片的偏振方向互相垂直時，光不能透射，如圖 25-4；而當兩個偏振片的偏振方向互相平行時，透射光最強。

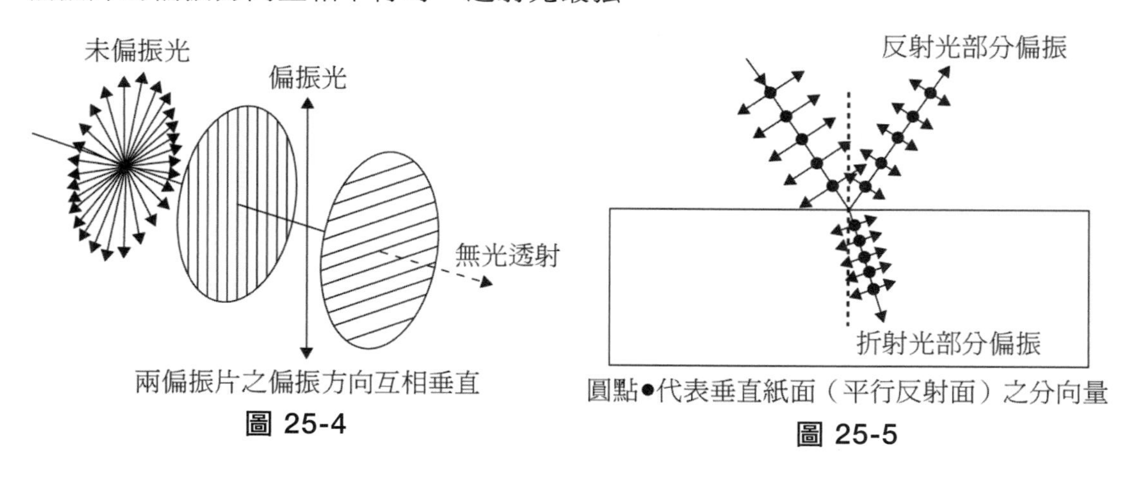

圖 25-4　圖 25-5

當光束經介面反射時，電場有平行介面方向偏振的趨勢，如圖 25-5，在反射線與折射線互相垂直時，反射光被完全偏振，如圖 25-6，此時的入射角稱之為布魯斯特角(Brewster's angle) θ_b，

$$\theta_b = \tan^{-1} n_{21}$$

其中 n_{21} 是介質 2 相對於介質 1 的（相對）折射率，上式證明如下：

$$n_{21} = \frac{\sin\theta_1}{\sin\theta_2} = \frac{\sin\theta_1}{\sin(90° - \theta_1)} = \frac{\sin\theta_1}{\cos\theta_1} = \tan\theta_1$$

$$\theta_1 = \tan^{-1} n_{21}$$

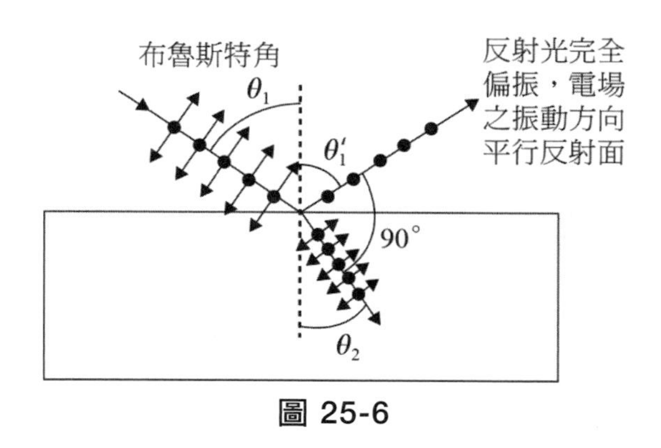

圖 25-6

步　驟

※注意！勿逆向直視雷射光，否則平行光束經眼球聚焦後會燒壞視網膜。

◎檢查雷射光源是否為偏振光源

1. 與旁組互相借用另一片，將兩偏振片重疊，相對旋轉，觀察日光燈之透光情形。
2. 將雷射光透過單一偏振片照到白色的紙壁或牆壁上，轉動偏振片，觀察壁上亮度是否會有明顯變化，例如轉至完全看不見，則為完全偏振光。

◎透明半圓柱的折射率

3. 將透明半圓柱放在圓形量角台上，如下圖 25-7 所示，讓其反射面的邊線恰好落在十字線之沿著 90°與 270°的那一條上，先設法讓雷射光從刻度 0°處沿十字線射入，穿透半圓柱並射至 180°處，以確認是射至量角台及半圓柱的共同圓心，再旋轉量角台讓雷射光從某一刻度入射至圓心，可用一小張白紙在圓形量角台邊緣擋雷射光，從亮點下方讀出 θ_1、θ_1' 及 θ_2（若是另一廠牌之量角台，請參考圖 25-8，可直接讀取 θ_1、θ_1'、θ_2）。

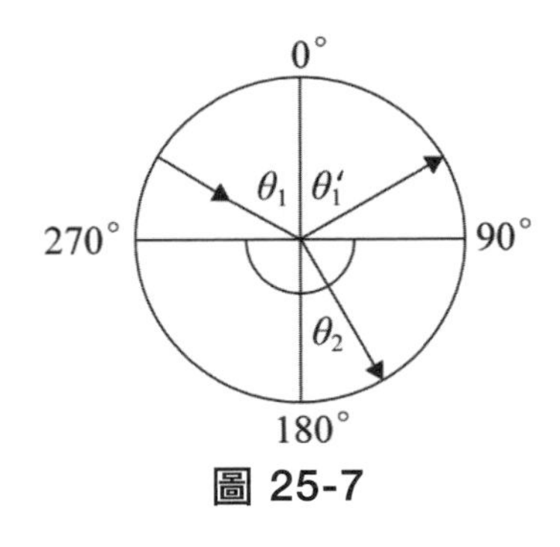

圖 25-7

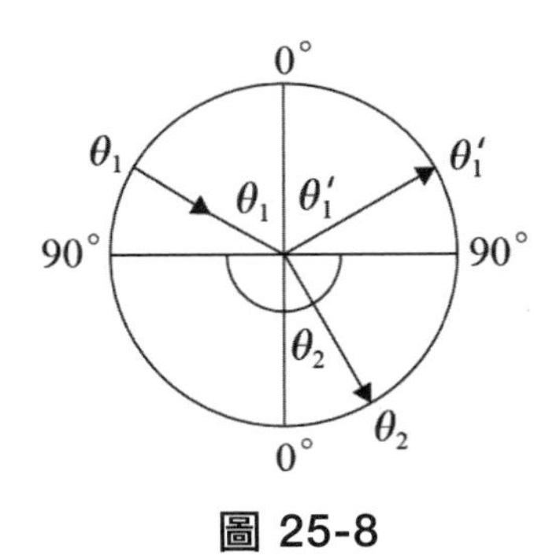

圖 25-8

4. 計算折射率及布魯斯特角。
5. 旋轉量角台以改變入射角，重複上述步驟。

◎利用反射製造偏振光

6. 如圖 25-9，調整至 $\theta_1' + \theta_2 = 90°$，使反射光射至紙壁或牆壁上，並用單一片偏振片檢查此反射光是否為完全偏振光。此時的入射角 θ_1，也就是布魯斯特角（若是另一廠牌之量角台，請參考圖 25-10）。

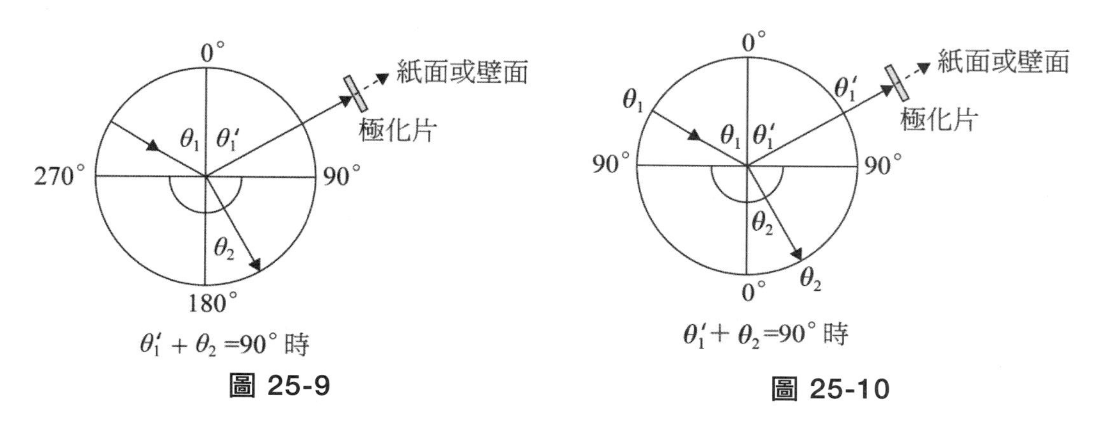

$\theta_1' + \theta_2 = 90°$ 時

圖 25-9

$\theta_1' + \theta_2 = 90°$ 時

圖 25-10

問題

(　)1. 光由空氣射進某介質，入射角為 60°，折射角為 30°，則此介質相對於空氣的折射率為 (1)1.73 (2)1.5 (3)1.33 (4)以上皆非。

(　)2. 當入射角為 Brewster's angle 時，完全偏振光是 (1)入射光 (2)折射光 (3)反射光。

(　)3. 當入射角為 Brewster's angle 時，反射光與折射光的夾角應該是 (1) 0° (2) 30° (3) 45° (4) 60° (5) 90° (6) 100° (7) 120°。

光的反射、折射與偏振

班級：　　學號：　　姓名：

日期：　　組別：　　同組同學：

記錄與分析

請描述步驟 1 的觀察結果。

答：

由步驟 2 之結果，這一次本組所使用之雷射光源是否為完全偏振光？

答：

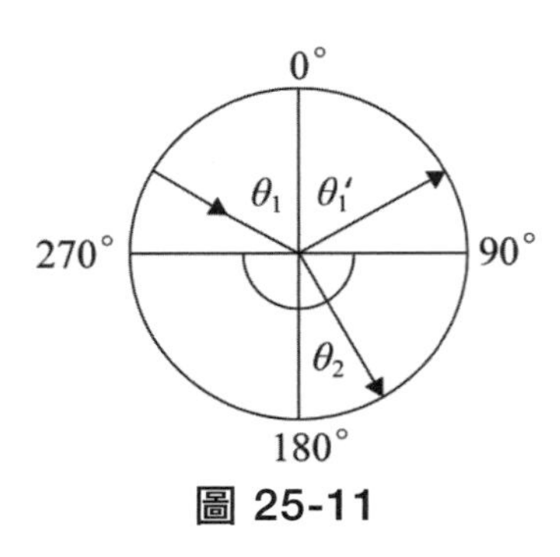

圖 25-11

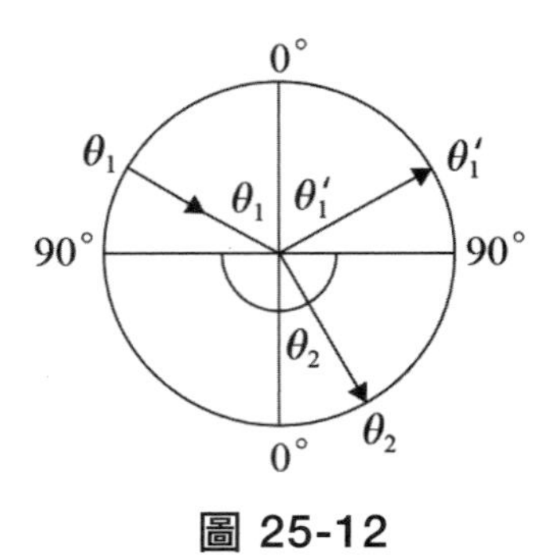

圖 25-12

透明半圓柱

入射方向	θ_1	θ_1'	θ_2	$n_{21}=\dfrac{\sin\theta_1}{\sin\theta_2}$	$\theta_b=\tan^{-1}n_{21}$
1					
2					
3					
平均					

由步驟 6 所量得的 $\theta_1=$ ________，$\theta_1'=$ ________，$\theta_2=$ ________，
布魯斯特角 $\theta_b=$ __________。

討論

實驗

26 光的繞射

目　的

觀察光的單狹縫繞射現象，進而測量單色光的波長。

儀　器

光學吸附平台、光具座、雷射光源、單狹縫片（不同縫寬）兩片、繞射刻度尺、刻度尺支撐架、螺旋測微器。

原　理

光是以波動方式傳播，當光波進入一單狹縫時，狹縫上之各點，可視為一列新波源，彼此同相，這些新波源所發出的波，將互相干涉，而產生繞射的現象，如圖 26-1。

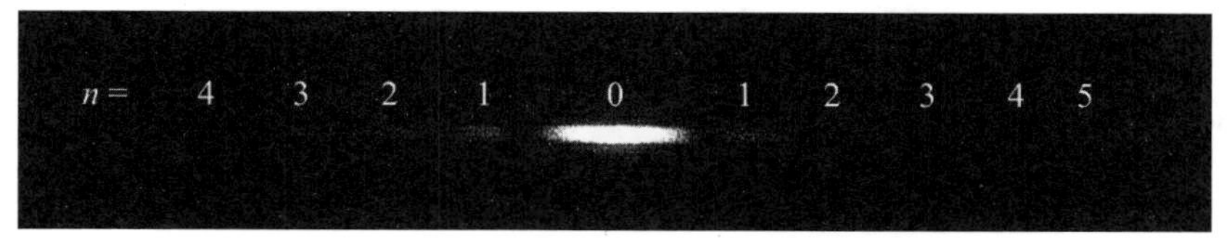

圖 26-1

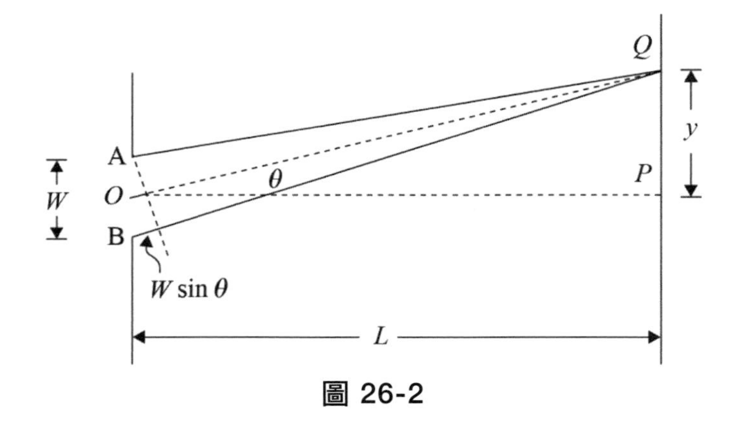

圖 26-2

如圖 26-2 所示，設 W 為單狹縫的寬度，λ為所用單色光的波長，θ為 OP 與 OQ 所夾之角度，則在 Q 點上所產生的干涉情形為

亮紋（建設性干涉） $W\sin\theta=(n+1/2)\lambda$ (1)

暗紋（破壞性干涉） $W\sin\theta=n\lambda$ (2)

其中 n 為正整數，同時繞射條紋必對稱於 P 點。

若 $L>>y$，則 $\sin\theta \fallingdotseq \tan\theta=y/L$，代入式(1)與(2)得

亮紋 $\lambda=Wy/(n+1/2)L$ (3)

暗紋 $\lambda=Wy/nL$ (4)

上列兩式中，n 、 y 與 L 均可量到，W 則可看狹縫片的標示值，因此可算出單色光的波長。如果已知單色光的波長，則可校驗單狹縫片的寬度。

步　驟

1. 儀器裝置如圖 26-3 所示，將光具座與繞射刻度尺支撐架放在精密光學平台上，雷射光源放在光學平台的一邊，將縫寬較小之單狹縫片吸附在光具座上，繞射刻度尺吸附在支撐架上，調整單狹縫片與繞射刻度尺間的距離，建議為 90 公分，記為 L。

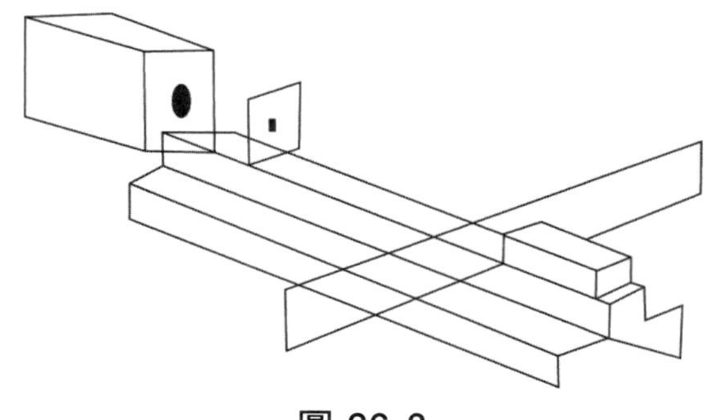

圖 26-3

2. 打開雷射光源，使光線對準單狹縫入射，則可在繞射刻度尺上，看見一系列的繞射條紋，且左右對稱，在繞射刻度尺上分別量出左右第一、第二及第三亮紋到中央亮紋的距離 $y1$，$y2$ 與 $y3$，再左右平均。前述測量方法供參考，亮紋可改為暗紋，條紋數亦可機動選擇。
3. 將所測得的數值代入(3)與(4)，算出波長。
4. 依次調整單狹縫片與繞射刻度尺間的距離 L，建議為 70 公分與 50 公分，重複上列步驟，再將所有波長值平均，並與雷射光波長標示值比較，算出百分誤差。
5. 更換縫寬較大之單狹縫片，重複上述步驟。
6. 取一根頭髮，利用膠帶將之固定在光具座上，並量測其產生的繞射圖形，以上述得到之雷射波長分析頭髮的直徑，並與螺旋測微器量測結果比較。

預習

1. 光之波長常以 nm 表示，1nm＝______cm＝______m。
2. 某色光之波長為 632.8nm，入射於一未知寬度的單狹縫，在距單狹縫 1m 處的像屏上產生繞射條紋，某生量得第三亮紋為 9.6cm，試問其所用的單狹縫的寬度為若干？

注意事項

使用雷射光源應注意事項如下：

1. 切勿使眼睛正對光束，或由雷射光源出口往內看。
2. 切勿將雷射光投射到任何人的眼睛。

3. 不使用雷射光時，切勿開機。
4. 在雷射光束路程上，不放置易燃物或反射率高的物體。
5. 實驗中，如有可能受到雷射光照射，則應戴上護目鏡。
6. 雷射光源內部裝有高壓電源，不可隨意開啟，以免觸電。

光的繞射

班級：　　　　學號：　　　　姓名：

日期：　　　　組別：　　　　同組同學：

記錄與分析

雷射光源：(雷射波長 λ =________nm)

單狹縫片(W =________mm)

L(cm)	n	y(mm)			波長 λ (nm)
		左	右	平均	

平均波長 λ =	nm
百分誤差 =	%

單狹縫片(W =________mm)

L(cm)	n	y(mm)			波長 λ (nm)
		左	右	平均	
				平均波長 λ =	nm
				百分誤差 =	%

頭髮直徑的量測：

以雷射繞射圖形得到之頭髮直徑為________________mm。

以螺旋測微器得到之頭髮直徑為________________mm。

討論此兩種量測方法的結果：

討論

附錄一 統計分析

統計分析被用來處理實驗數據，藉統計分析，可以了解實驗結果的不確定性為何種程度。以下介紹統計分析時常用的術語及其計算方法。

1. 算術平均值

如果對同一物理量做 n 次量測，每次所得的量測結果數據分別為 $x_1, x_2 \ldots, x_n$ 時，則通常以算術平均值 $\bar{x}$ 代表實驗的結果，即 $\bar{x} = \frac{x_1 + x_2 + \ldots + x_n}{n} = \frac{\sum_{i=1}^{n} x_i}{n}$。

2. 偏差

量測結果數據中一個特定數據與整組數據的算術平均值之差，稱為"偏差"。偏差數值有正有負，整組數據的偏差值總合為零。令符號 d 代表偏差，則 $d_1 = x_1 - \bar{x}, d_2 = x_2 - \bar{x}, \ldots, d_n = x_n - \bar{x}$；$d_1 + d_2 + \ldots d_n = \sum_{i=1}^{n} d_i$。

3. 平均偏差

平均偏差 D 的定義為: $D = \frac{|d_1| + |d_2| + \ldots + |d_n|}{n} = \frac{\sum_{i=1}^{n} |d_i|}{n}$。平均偏差的大小可以顯示實驗儀器的精確度，一般實驗結果的不準確程度則很少以平均偏差來表示，而多以後面介紹的標準偏差 σ 來表示。

4. 標準偏差

若量測結果數據接近無限多個時，即量測次數 n 接近無窮大時，標準偏差 σ 的定義為 $\sigma = \sqrt{\frac{d_1^2 + d_2^2 + \ldots + d_n^2}{n}} = \sqrt{\frac{\sum_{i=1}^{n} d_i^2}{n}}$。若量測結果數據為有限個時，則標準偏差修正為 $\sigma = \sqrt{\frac{d_1^2 + d_2^2 + \ldots + d_n^2}{n-1}} = \sqrt{\frac{\sum_{i=1}^{n} d_i^2}{n-1}}$ 較為準確。可注意當實驗數據夠多，例如數十個以上時，$\sqrt{\frac{\sum_{i=1}^{n} d_i^2}{n}}$ 與 $\sqrt{\frac{\sum_{i=1}^{n} d_i^2}{n-1}}$ 十分接近。

由一組 n 次量測得到的數據，其算術平均值的精確度會比只量測 1 次得到的數據好，若紀錄第二組 n 次量測得到的算術平均值，一般而言，第二組與第一組的算術平均值不會相等，不過可以預期第二組與第一組算術平均值的差異會小於任何一組的標準偏差。理論上我們可以做 N 組的 n 次量測，並畫出這 N 組量測產生的 N 個算術平均值的分布圖，並計算所有這些量測數據的總平均值之標準偏差，稱為平均標準差 σ_s。這個平均標準差一定比由單一組數據得到的標準偏差小，不過量測次數達這種數據量級冗長且繁鎖，我們無須這樣做，利用統計理論，可以從一組 n 次量測得到數據的標準偏差 σ 可以算出平均標準差 σ_s，其算式為 $\sigma_s = \frac{\sigma}{n} = \sqrt{\frac{\sum_{i=1}^{n} d_i^2}{n(n-1)}}$。我們將此 σ_s 值視做測得的算術平均值之精確度(或誤差)的最佳估計。所以我們通常以算術平均值 $\overline{x}$ 與平均標準差 σ_s 表示某一物理量 x 的測量值，即 $\overline{x} + \sigma_s$。

附錄二 數位型三用電表使用說明

一、外部圖示（如圖 28-1）

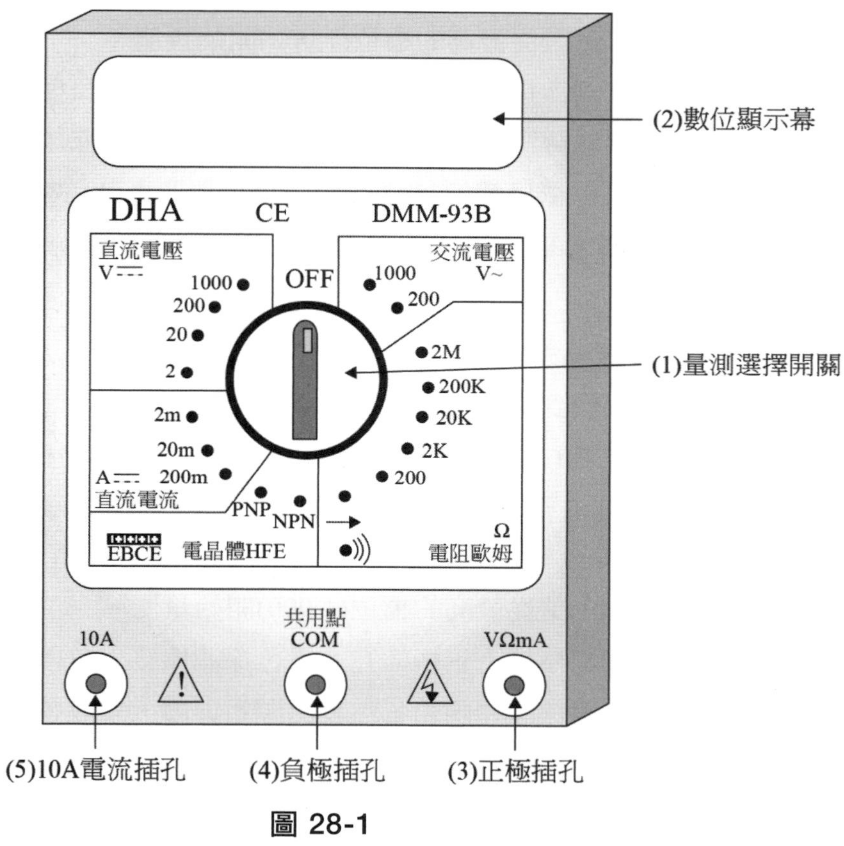

圖 28-1

二、電表量測基本功能說明

1. 測量前注意事項

(1) 量測選擇開關是否設定在正確檔位。

(2) 檢查探測棒是否已經接在正確插孔上。

(3) 變換檔位時，必須先將探測棒從待測物移開。

(4) 測試過程中，請勿碰觸探測棒尖端部分，以免受傷。

(5) 量測完畢後，需將檔位移到 OFF。

2. 量測直流電壓

(1) 先將量測選擇開關變換到直流電壓檔位。

(2) 直流電壓檔位共有四種(1,000、200、20、2)，每個檔位代表所能測量電壓的最大範圍。此時注意當檔位不同時，顯示屏幕上的小數點位置會依據檔位不同而移動。

(3) 如果不知道電壓大小，請從最高的檔位(1,000)開始量測。

(4) 將兩探測棒，紅色探測棒接上正極插孔，黑色探測棒接上負極插孔。

(5) 將探測棒兩端直接接觸待測物兩端，然後由顯示屏幕上讀取讀數。

(6) 如果讀數過小時，可以依序變換檔位由大到小，讀取更為精準的量測值，但要注意不能超過每個檔位的所能量測最大範圍，此時所量到的讀數單位為伏特。

3. 量測交流電壓

(1) 先將量測選擇開關變換到交流電壓檔位。

(2) 交流電壓檔位共有二種(1,000、200)，每個檔位代表所能測量電壓的最大範圍。此時注意當檔位不同時，顯示屏幕上的小數點位置會依據檔位不同而移動。

(3) 如果不知道電壓大小，請從最高的檔位(1,000)開始量測。

(4) 將兩探測棒，紅色探測棒接上正極插孔，黑色探測棒接上負極插孔。

(5) 將探測棒兩端直接接觸待測物兩端，然後由顯示屏幕上讀取讀數。

(6) 如果讀數過小時，可以依序變換檔位由大到小，讀取更為精準的量測值，但要注意不能超過每個檔位的所能量測最大範圍，此時所量到的讀數單位為伏特。

4. 量測電阻

(1) 先將量測選擇開關變換到電阻歐姆檔位。

(2) 電阻檔位共有五種(2M、200K、20K、2K、200)，每個檔位代表所能測量電阻的最大範圍。此時注意當檔位不同時，顯示屏幕上的小數點位置會依據檔位不同而移動。

(3) 將兩探測棒，紅色探測棒接上正極插孔，黑色探測棒接上負極插孔。

(4) 將探測棒兩端直接接觸待測物兩端，然後由顯示屏幕上讀取讀數。

(5) 電阻的讀數依據不同檔位必須乘上不同倍數，其倍數如下：

檔位	倍數
2M	1,000,000
2K、20K、200K	1,000
200	1

此時所量到的讀數單位為歐姆。

5. 量測直流電流

(1) 先將量測選擇開關變換到直流電流檔位。

(2) 直流電壓檔位共有三種(2m、20m、200m)，每個檔位代表所能測量電流的最大範圍，此時注意當檔位不同時，顯示屏幕上的小數點位置會依據檔位不同而移動。

(3) 如果不知道電流大小，請從最高的檔位(200m)開始量測。

(4) 將兩探測棒，紅色探測棒接上正極插孔，黑色探測棒接上負極插孔。

(5) 將探測棒兩端與待測電路串聯，然後由顯示屏幕上讀取讀數。

(6) 如果讀數過小時，可以依序變換檔位由大到小，讀取更為精準的量測值，但要注意不能超過每個檔位所能量測的最大範圍，此時所量到的讀數單位為毫安培。

(7) 如果電流值大於 200 毫安培，可將紅色探測棒一端接到 10A 電流插孔上，此時可測量超過 200 毫安培的電流。

附錄三 GLX 使用說明

一、外部圖示（如下圖 29-1）

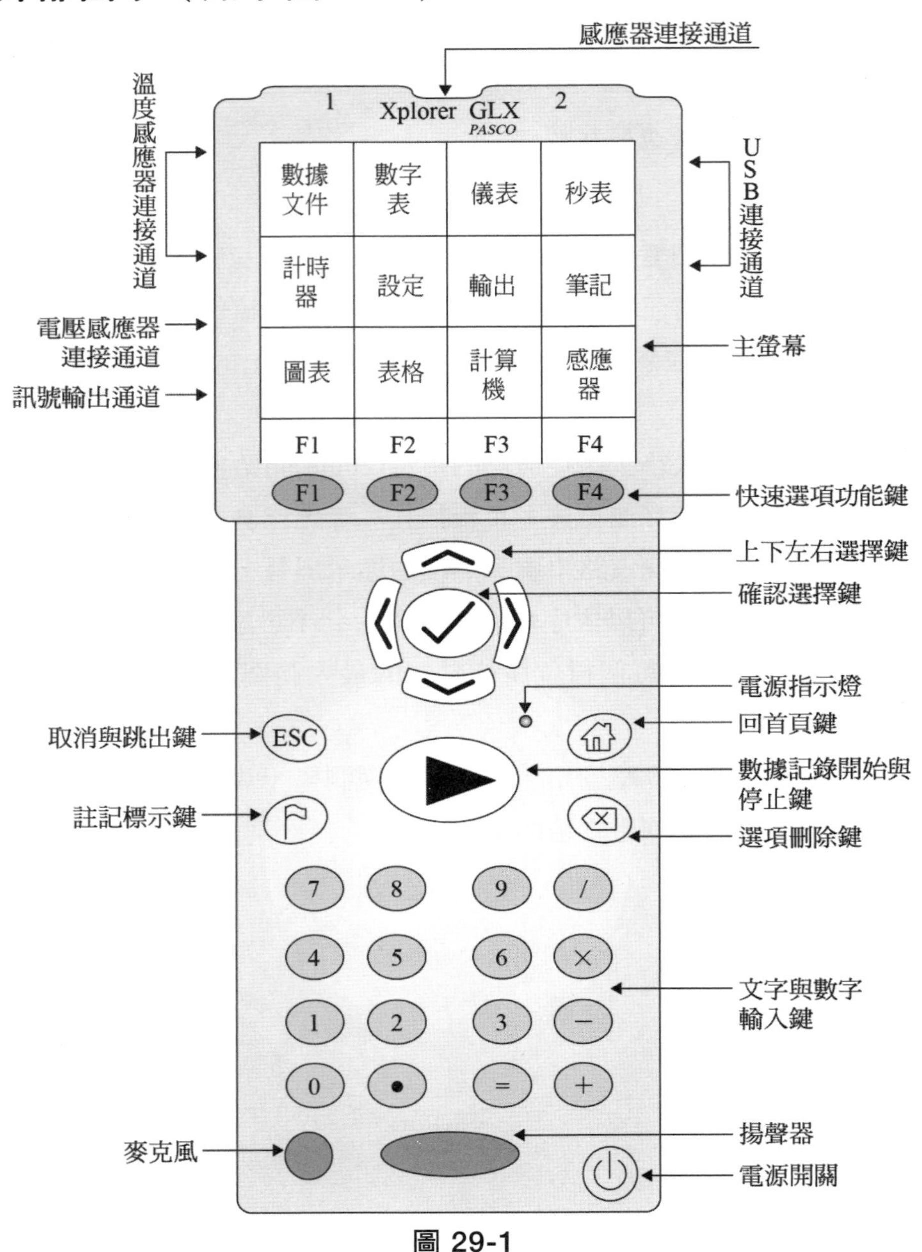

圖 29-1

二、GLX 基本設定說明

1. 設定功能

選擇主畫面中的**設定功能**選項後，按確認選擇鍵進入，設定畫面如下。

名稱	XploerGLX
日期格式	月／日／年
時間格式	12 小時制
自動關機	5 分鐘
背景光	關
對比度	–4
語言	中文（繁體）

操作步驟如下：

按選擇鍵，選到欲設定的選項使其反白後，按✓鍵進入選擇設定，再按選擇鍵選擇所需設定值，按✓鍵確認選擇，設定完成後，按首頁鍵回到主畫面。

2. 感應器設定功能

選擇主畫面中的**感應器功能**選項後，按確認選擇鍵進入，依據連接不同的感應器，各類感應器設定畫面如下。

(1) 旋轉感應器

取樣率單位	樣本／秒、秒、分鐘、小時
取樣率	1、2、5、10、20、25、40、50、100
降低／均勻 平均	關、2 個點、5 個點、10 個點、20 個點、50 個點
線性位置刻度	齒條、小滑輪、中滑輪、大滑輪、O 形環大滑輪
啟動時自動歸零	關、開、現在將感應器歸零
角位置	不可見、可見
角速度	不可見、可見
角加速度	不可見、可見
線位置	不可見、可見

線速度	不可見、可見
線加速度	不可見、可見

(2) 磁場感應器（2 維）

取樣率單位	樣本／秒、秒、分鐘、小時
取樣率	1、2、5、10、20、25、40、50、100
降低／均勻 平均	關、2 個點、5 個點、10 個點、20 個點、50 個點
磁場（軸向）	不可見、可見
磁場（徑向）	不可見、可見

(3) 電壓－電流感應器

取樣率單位	樣本／秒、秒、分鐘、小時
取樣率	1、2、5、10、20、25、40、50、100
降低／均勻 平均	關、2 個點、5 個點、10 個點、20 個點、50 個點
電流	不可見、可見
電壓	不可見、可見

以上三種感應器操作步驟如下：

按選擇鍵，選到欲設定的選項使其反白後，按鍵進入選擇設定，再按選擇鍵選擇所需設定值。設定完成後，按首頁鍵回到主畫面。

三、GLX 對應實驗設定說明

1. 感應器設定

(1) 轉動慣量與角動量守恆定律實驗

旋轉感應器各項設定值如下：

取樣率單位	樣本／秒
取樣率	50
降低／均勻 平均	關
線性位置刻度	大滑輪
啟動時自動歸零	開
角位置	不可見
角速度	可見
角加速度	不可見
線位置	不可見
線速度	不可見
線加速度	不可見

(2) 亥姆霍茲線圈磁場實驗

(a) 磁場感應器

取樣率單位	樣本／秒
取樣率	50
降低／均勻 平均	關
磁場（軸向）	可見
磁場（徑向）	可見

(b) 旋轉感應器

取樣率單位	樣本／秒
取樣率	50
降低／均勻 平均	關
線性位置刻度	齒條
啟動時自動歸零	開
角位置	不可見
角速度	不可見
角加速度	不可見
線位置	可見
線速度	不可見
線加速度	不可見

(3) 法拉第感應定律實驗

(a) 電壓－電流感應器

取樣率單位	樣本／秒、秒、分鐘、小時
取樣率	100
降低／均勻 平均	關
電流	可見
電壓	可見

(b) 旋轉感應器

取樣率單位	樣本／秒
取樣率	100
降低／均勻 平均	關
線性位置刻度	小滑輪
啟動時自動歸零	現在將感應器歸零

角位置	可見
角速度	不可見
角加速度	不可見
線位置	不可見
線速度	不可見
線加速度	不可見

2. 圖表設定

選擇主畫面中的**圖表功能選項**後，按確認選擇鍵進入，設定畫面如下（圖 29-2）。

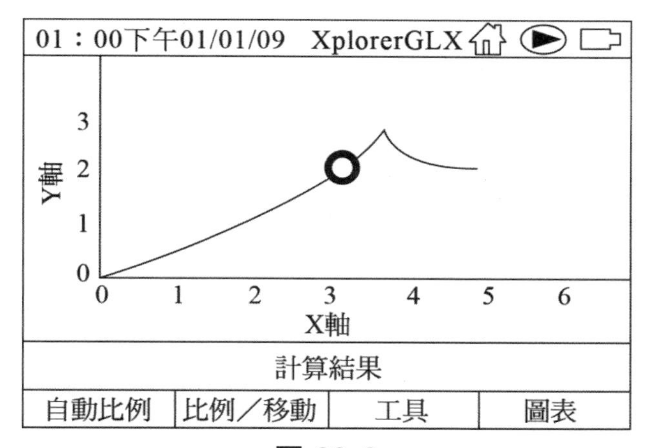

圖 29-2

(1) 設定 X 軸與 Y 軸

按下✓鍵，主畫面上會有一反白方格出現在 X 軸或 Y 軸，接下來再按✓鍵，並使用方向鍵，即可設定所需的 X 軸或 Y 軸的實驗設定值，選定後按✓鍵選定，設定完成後，按 ESC 鍵結束。

(2) 設定工具

按下 **F3** 快速選項鍵，並使用〈 〉鍵，即可選定所需工具，選定後按✓鍵選定。設定完成後，按 ESC 鍵結束，其所計算結果會顯示在 X 軸下方 ▭ 的計算結果中。

(3) 測量值座標選擇

在畫面中，直接按〈 〉鍵，可移動測量值曲線上的 ○，其所對應的測量值會顯示在 X 軸下方 ▭ 的計算結果中。

(4) 直接比例選項

按下 **F1** 快速選項鍵，可將畫面上的測量值曲線，適當的放大或縮小，以利實驗結果判讀。

四、轉動慣量與角動量守恆定律實驗

首先先設定工具按下 **F3** 快速選項鍵，並使用〈 〉鍵，選定斜率工具，選定後按✓鍵選定。設定完成後，按 ESC 鍵結束，其所計算斜率結果會顯示在 X 軸下方 ▭ 中。畫面設定完成如下（圖 29-3）。

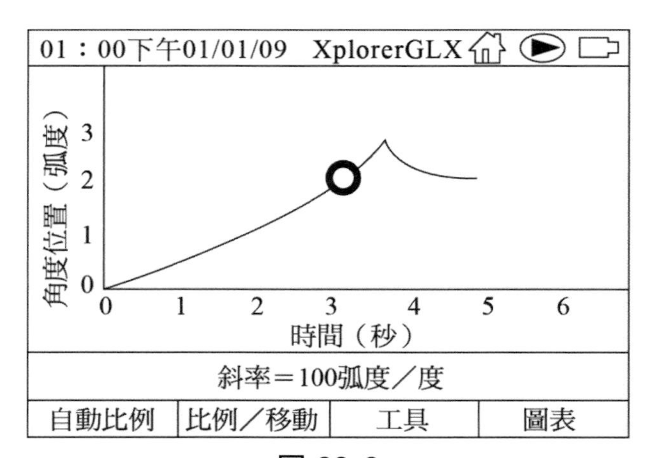

圖 29-3

五、亥姆霍茲線圈磁場實驗

首先按下鍵，主畫面上會有一反白方格出現在 X 軸或 Y 軸，接下來再按鍵，選定 X 軸，再按鍵，接下來利用鍵，選擇線位置(m)，按鍵確定。接下來使用鍵設定 Y 軸，按鍵，接下來利用鍵，選擇磁場（軸向），按鍵確定。設定完成後，按 ESC 鍵結束。畫面設定完成如下（圖 29-4）。

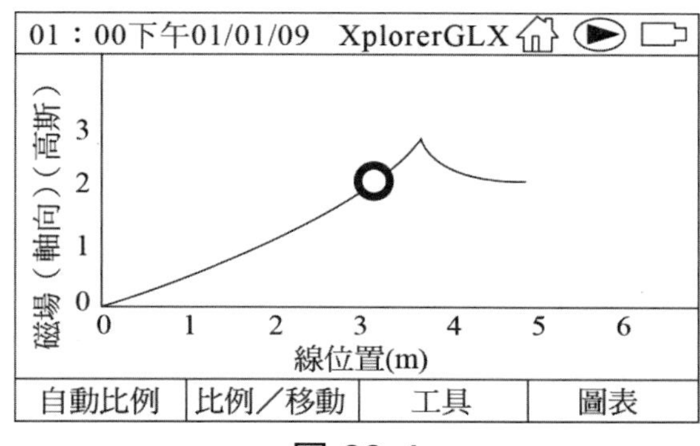

圖 29-4

六、法拉第感應定律實驗

1. 按下鍵，主畫面上會有一反白方格出現在 X 軸或 Y 軸，接下來再按鍵，選定 X 軸，再按鍵，接下來利用鍵，選擇時間（秒），按鍵確定。接下來使用鍵設定 Y 軸，按鍵，接下來利用鍵，選擇電壓(V)，按鍵確定。設定完成後，按 ESC 鍵結束。畫面設定完成如下（圖 29-5）。

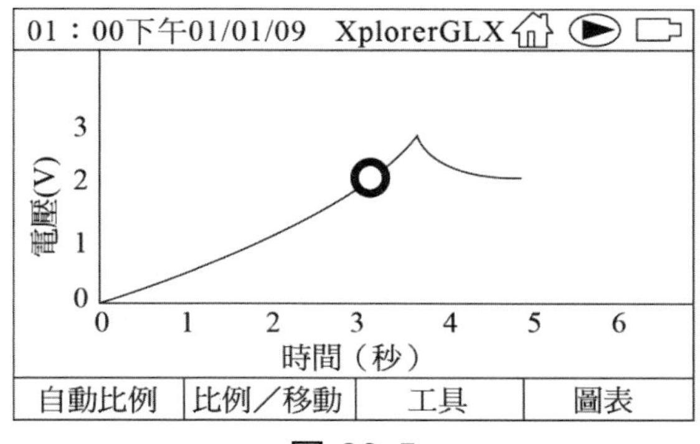

圖 29-5

2. 按下 ✓ 鍵，主畫面上會有一反白方格出現在 X 軸或 Y 軸，接下來再按 ◇ 鍵，選定 X 軸，再按 ✓ 鍵，接下來利用 ◇ 鍵，選擇角位置（弧度），按 ✓ 鍵確定。設定完成後，按 ESC 鍵結束。畫面設定完成如下（圖 29-6）。

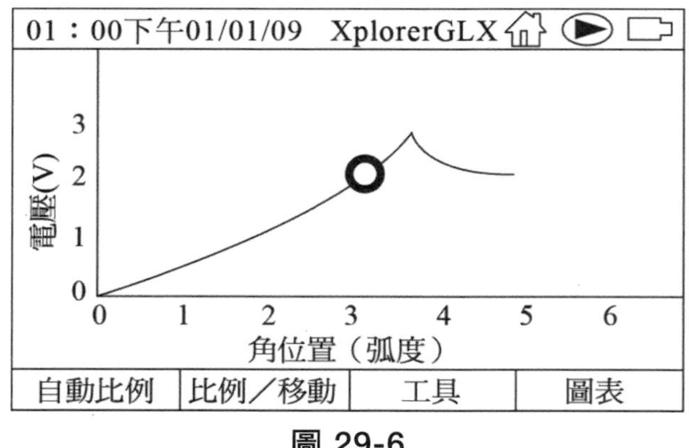

圖 29-6

3. 按下 **F3** 快速選項鍵，並使用 ◇ 鍵，選取面積工具，選定後按 ✓ 鍵選定。設定完成後，按 ESC 鍵結束，其所計算結果會顯示在 X 軸下方 ▭ 的計算結果中。畫面設定完成如下（圖 29-7）。

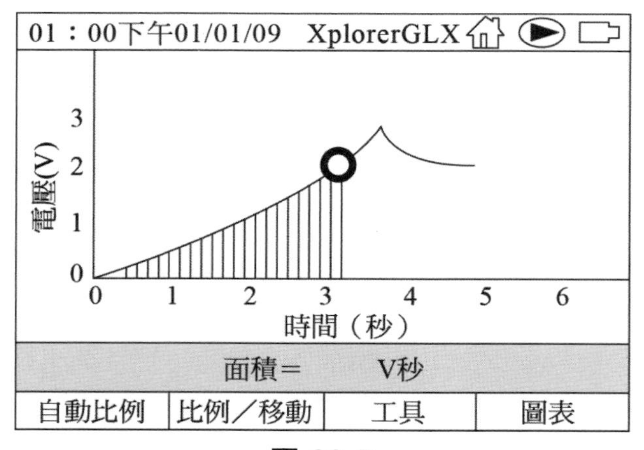

圖 29-7

在畫面中，直接按 ◇ 鍵，可移動測量值曲線上的 ○，其所對應的測量值面積會顯示在 X 軸下方 ▭ 中。

4. 按下(✓)鍵，主畫面上會有一反白方格出現在 X 軸或 Y 軸，接下來再按方向鍵，選定 X 軸，再按(✓)鍵，接下來利用方向鍵，選擇時間（秒），按(✓)鍵確定。接下來使用方向鍵設定 Y 軸，按(✓)鍵，接下來利用方向鍵，選擇 POWER(W)，按(✓)鍵確定。設定完成後，按(ESC)鍵結束。接下來按下 **F3** 快速選項鍵，並使用方向鍵，選取面積工具，選定後按(✓)選定。設定完成後，按(ESC)鍵結束，其所計算結果會顯示在 X 軸下方的計算結果中。畫面設定完成如下（圖 29-8）。

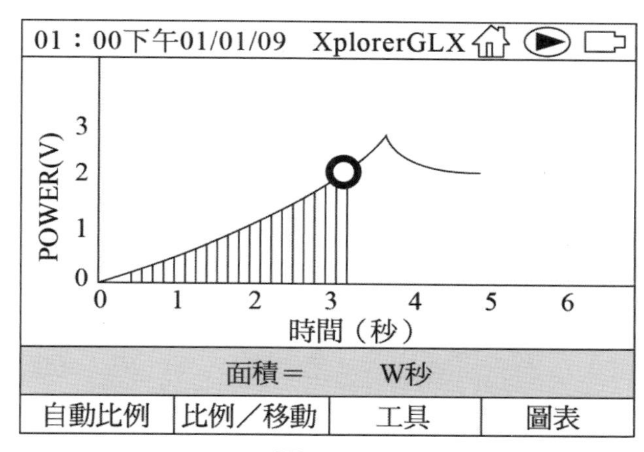

圖 29-8

附錄四 光電計時器使用說明

一、外部視圖（如圖 30-1）

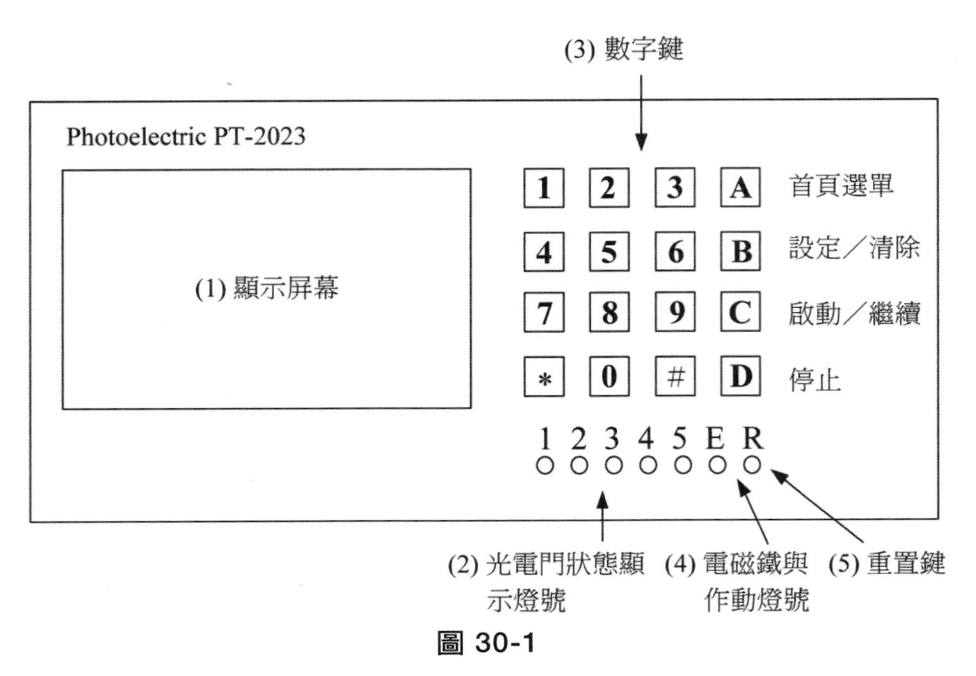

圖 30-1

二、各部位指示說明

1. 顯示屏幕：顯示各光電門量測數據。
2. 光電門狀態顯示燈號：光電管訊號輸入的編號，由 1~5，共可顯示五組光電管訊號。
3. 數字鍵：可輸入數字 0~9。
4. 電磁鐵與作動燈號：提示電磁鐵偵測端狀態與量測作動。
5. 重置鍵：可恢復至開機狀態。
6. A：首頁選單。
7. B：設定／清除。
8. C：啟動／繼續。
9. D：停止。

三、功能設定與操作步驟

1. Function 1：當計時器使用，可手動控制計時。

   操作程序（圖 30-2）：

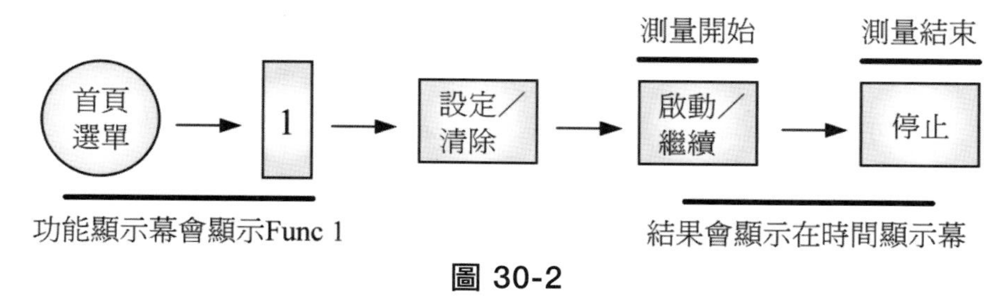

圖 30-2

2. Function 2：可設定所需計時大小，當計時到達所設定的時間後，會自動停止計時。

   操作程序（圖 30-3）：

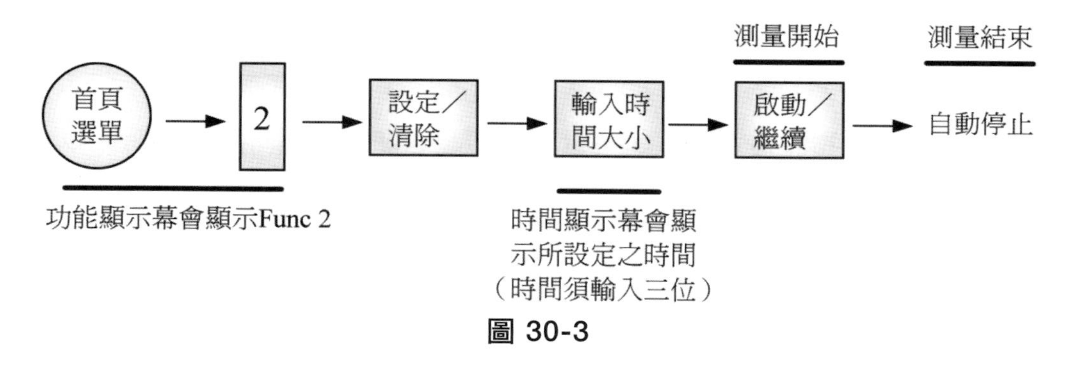

圖 30-3

3. Function 3：可量測物體經過四隻光電管之間的時距，共可得到 6 組時距。

   操作程序（圖 30-4）：

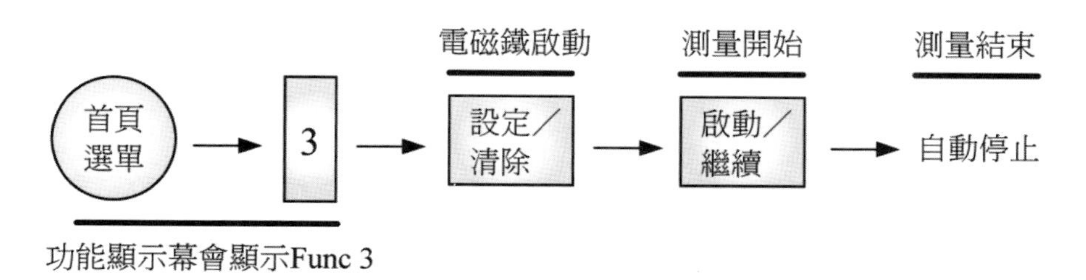

圖 30-4

測量結束後，時間顯示幕得到測量結果如下。

	時間顯示幕
t_{12}	顯示物體由編號 1 號光電管到編號 2 號光電管所需時間
t_{13}	顯示物體由編號 1 號光電管到編號 3 號光電管所需時間
t_{14}	顯示物體由編號 1 號光電管到編號 4 號光電管所需時間
t_{15}	顯示物體由編號 1 號光電管到編號 5 號光電管所需時間
t_{23}	顯示物體由編號 2 號光電管到編號 3 號光電管所需時間
t_{24}	顯示物體由編號 2 號光電管到編號 4 號光電管所需時間
t_{25}	顯示物體由編號 2 號光電管到編號 5 號光電管所需時間
t_{34}	顯示物體由編號 3 號光電管到編號 4 號光電管所需時間
t_{35}	顯示物體由編號 3 號光電管到編號 5 號光電管所需時間
t_{45}	顯示物體由編號 4 號光電管到編號 5 號光電管所需時間

4. Function 4：當物體初速為零，可量測物體經過四隻光電管之間的時距以及物體自運動開始到達各光電管之間的時距，共可得到十組時距。

   操作程序（圖 30-5）：

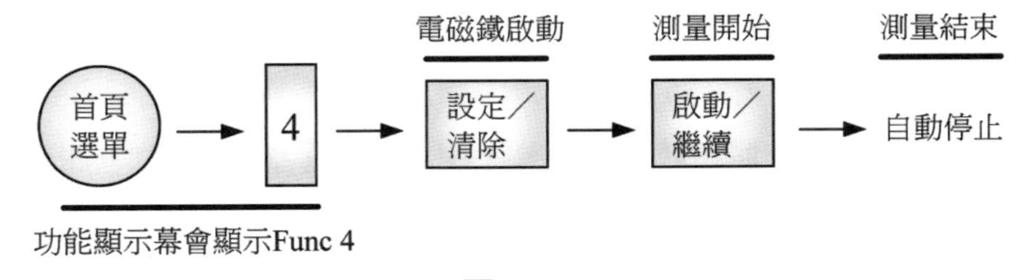

圖 30-5

測量結束後，時間顯示幕會顯示得到的測量結果如下。

	時間顯示幕
t_{01}	顯示物體由初始點到編號 1 號光電管所需時間
t_{02}	顯示物體由初始點到編號 2 號光電管所需時間
t_{03}	顯示物體由初始點到編號 3 號光電管所需時間

	時間顯示幕
t_{04}	顯示物體由初始點到編號 4 號光電管所需時間
t_{05}	顯示物體由初始點到編號 5 號光電管所需時間
t_{12}	顯示物體由編號 1 號光電管到編號 2 號光電管所需時間
t_{13}	顯示物體由編號 1 號光電管到編號 3 號光電管所需時間
t_{14}	顯示物體由編號 1 號光電管到編號 4 號光電管所需時間
t_{15}	顯示物體由編號 1 號光電管到編號 5 號光電管所需時間
t_{23}	顯示物體由編號 2 號光電管到編號 3 號光電管所需時間
t_{24}	顯示物體由編號 2 號光電管到編號 4 號光電管所需時間
t_{25}	顯示物體由編號 2 號光電管到編號 5 號光電管所需時間
t_{34}	顯示物體由編號 3 號光電管到編號 4 號光電管所需時間
t_{35}	顯示物體由編號 3 號光電管到編號 5 號光電管所需時間
t_{45}	顯示物體由編號 4 號光電管到編號 5 號光電管所需時間

5. Function 5：計次功能，可量測物體運動的半週期。

   操作程序（圖 30-6）：

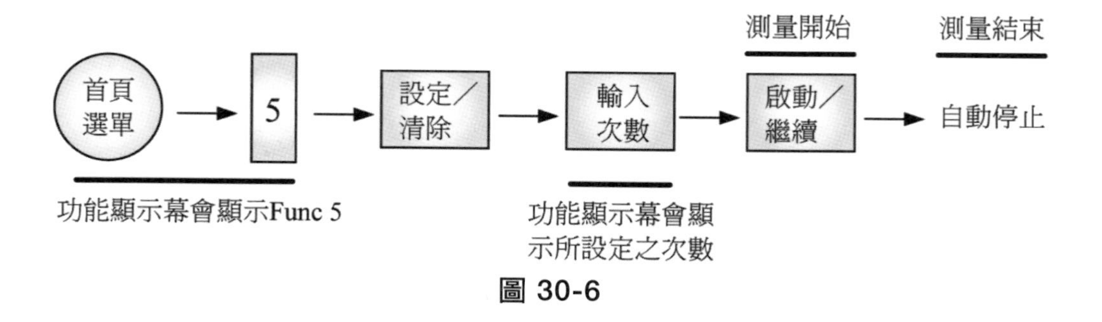

圖 30-6

測量結束後，測量結果會顯示在時間顯示幕上。

6. Function 6：量測物體通過各光電管截面所需的時間，可得到物體運動時的瞬時速度。

   操作程序（圖 30-7）：

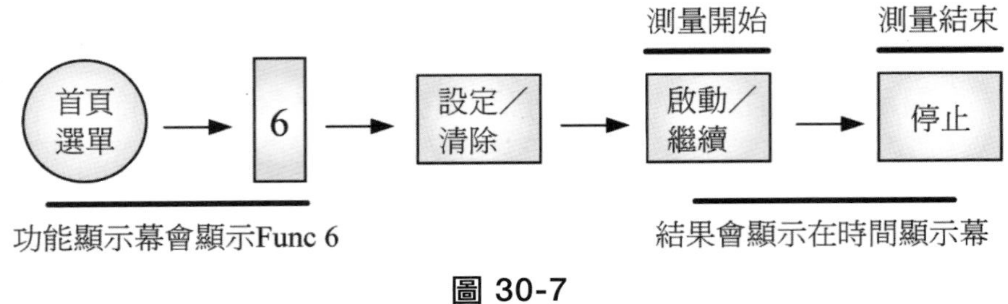

圖 30-7

量測物體通過光電管後，按停止鍵完成測量。測量結束後，可在時間顯示幕看到測量結果。

附錄五 智慧型計時器使用說明

一、外部圖示（如圖 31-1）

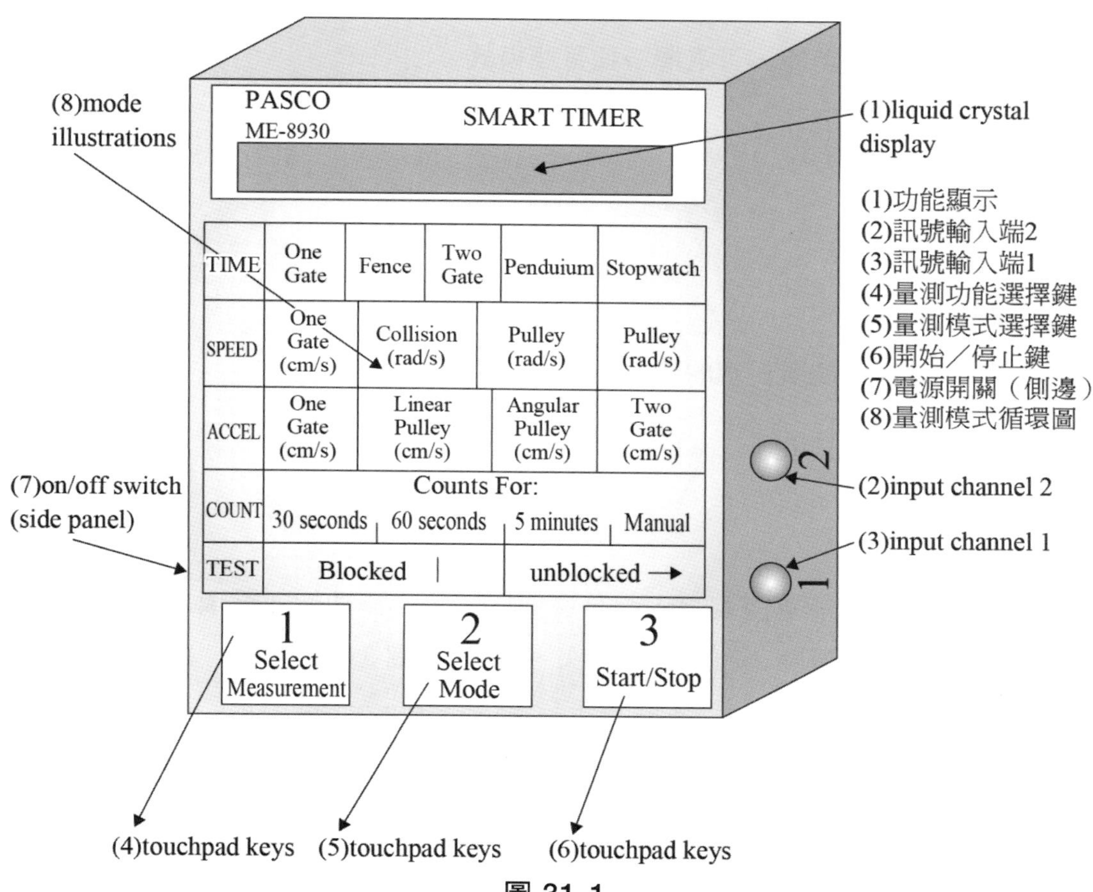

圖 31-1

二、指示鍵說明

1. 功能顯示：

   顯示幕前設定功能運作狀況。

2. 訊號輸入端 2：

   量測訊號輸入端。

3. 訊號輸入端 1：
   量測訊號輸入端。
4. 量測功能選擇鍵：
   設定量測功能，總共有五種。
5. 量測模式選擇鍵：
   對應不同的量測功能，可選擇多種量測模式。
6. 開始／停止鍵：
   控制量測開始與停止。
7. 電源開關：
   控制電源。
8. 量測模式循環圖：
   圖示不同量測功能所對應的量測模式。

三、基本操作說明

1. 設定量測功能
   操作程序：
   按下紅色量測功能選擇鍵 1，螢幕會依序顯示量測功能並循環之，其測量功能依序為時間、速度、加速度、計次、測試。（圖 31-2）

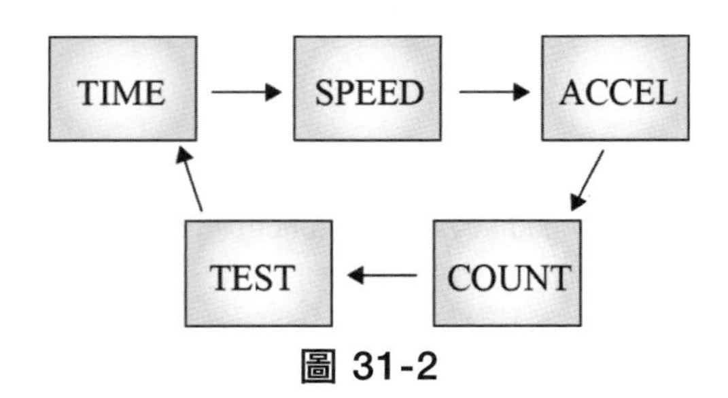

圖 31-2

2. 設定量測模式

操作程序：

選擇不同的量測功能，所對應量測模式也不同，按下藍色模式選擇鍵 2，螢幕會依序顯示量測模式並循環之。(圖 31-3)

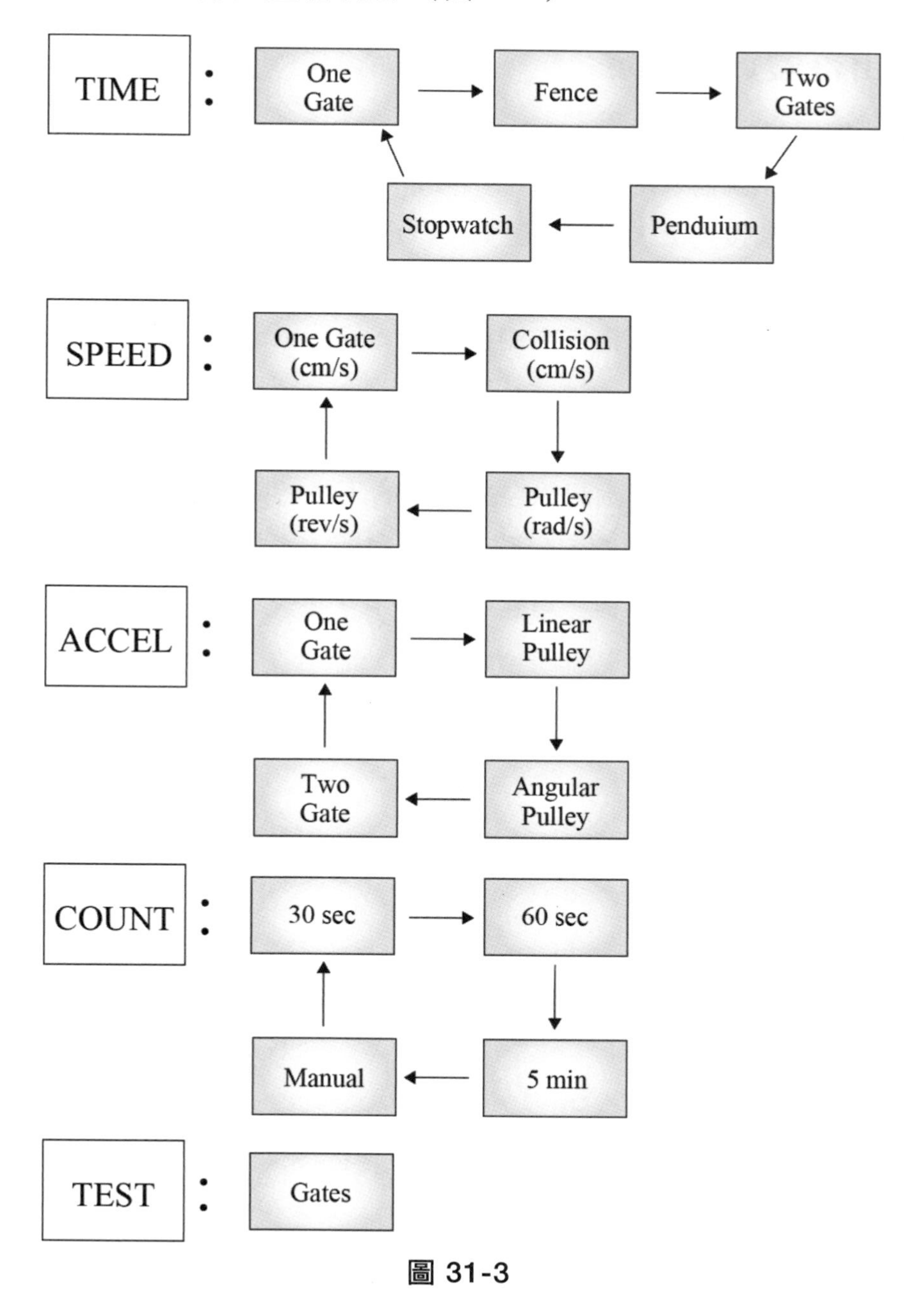

圖 31-3

3. 開始／停止鍵

操作程序：

(1) 按下黑色開始／停止鍵 **3**，螢幕上會出現＊號，表示已經啟動。

(2) 在量測過程中，按下黑色開始／停止鍵，則會停止測量。

四、自由落體實驗設定

儀器設定與步驟：

1. 把訊號線插入訊號輸入端 1。
2. 將儀器接上電源後開機，視窗出現 PASCO scientific。
3. 按下紅色量測功能鍵選擇鍵選擇測量功能 Time。
4. 按下藍色模式功能鍵選擇鍵選擇測量模式 Stopwatch。此時螢幕顯示 Time：Stopwatch。
5. 將鋼球放在彈簧片中，接著按下黑色開始／停止鍵，螢幕出現 Time：Stopwatch ＊後便可以開始記錄自由落體的下降時間，接下來讓鋼球自由落下，若鋼球撞擊到接收板的中央時，螢幕會顯示出鋼球掉落的時間。接下來重複按下黑色開始／停止鍵，當視窗再出現 Time：Stopwatch ＊時就可以重新再測量一次。

附錄六 示波器的操作說明

示波器的操作，以 GWINSTEK 公司的 20MHz 雙通道類比示波器 GOS-620 來說明：

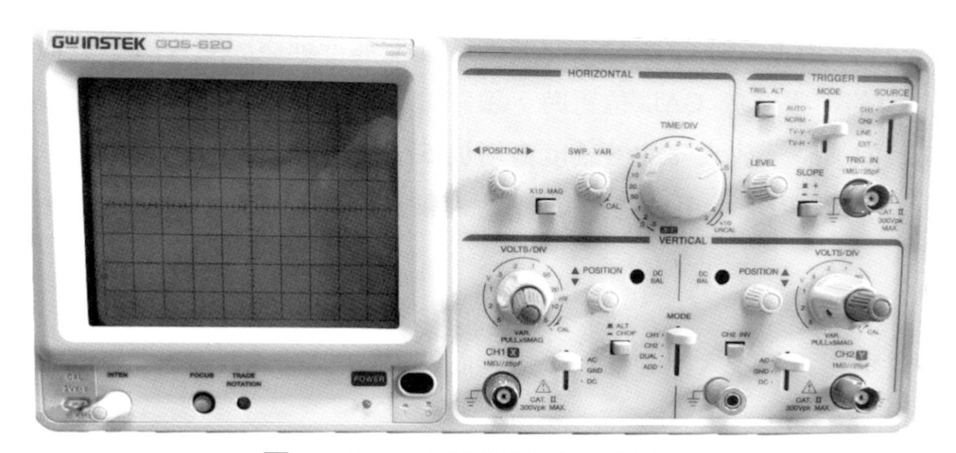

圖 32-1　示波器面板基本操作鈕

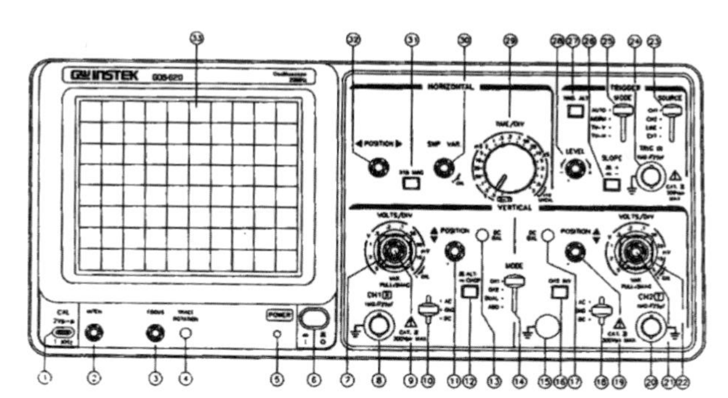

圖 32-2　示波器面板基本操作鈕及顯示對應編號圖

1. CAL：這個終端孔輸出 2Vp-p、1kHz、正方形波的校準電壓。
2. INTEN：控制顯示光點或顯示波形的亮度。
3. FOCUS：調整焦距的旋鈕，將螢光幕上的顯示波形調整至最細且最清晰的影像。
4. TRACE ROTATION：用於將水平顯示波形與格線平行對齊的調整鈕，即調整顯示波形的水平程度。

5. POWER LED：電源顯示 LED 燈，電源打開時 LED 會跟著點亮。
6. POWER：儀器電源開關鈕。
7. CH1 VOLTS/DIV：CH1 垂直軸的敏感度，可從每格 5 mV 至每格 5 V 共 10 個檔位可供選擇。
8. CH1 (X) input：CH1 垂直訊號輸入的終端孔。若在 X-Y 模式下，則為 X 軸訊號的輸入終端孔。
9. CH1 VARIABLE：對 CH1 輸入訊號的敏感度進行細微調整，調整值為顯示值的 1/2.5 倍。當處於 CAL 位置時，敏感度校準為顯示值。當拉出此旋鈕（x5 MAG 狀態）時，放大器的敏感度會增加 5 倍。
10. CH1 AC-GND-DC：用於選擇 CH1 輸入訊號和垂直訊號放大器之間連接的模式。

    AC：交流耦合。

    GND：垂直訊號放大器的輸入接地，而 CH1 訊號輸入終端孔則未連接。

    DC：直流耦合。
11. CH1 POSITION：控制 CH1 顯示光點或顯示波形的垂直位置。
12. ALT/CHOP：

    ALT: 當在雙波形模式下釋放此開關時，CH1 和 CH2 的輸入會交替顯示（通常在較快的掃描速度下使用）。

    CHOP： 當在雙軌跡模式下啟用此開關時，CH1 和 CH2 的輸入會被交錯切換並同時顯示（通常在較慢的掃描速度下使用）。
13. CH1 DC BAL：用於調整示波器 CH1 的衰減器平衡程度。
14. VERT MODE：用來選擇示波器 CH1 及 CH2 的運作及顯示模式。

    CH1：示波器以單通道 CH1 運作及顯示。

    CH2：示波器以單通道 CH2 運作及顯示。

    DUAL：示波器以雙通道 CH1 及 CH2 同時運作及顯示。

    ADD： 示波器以顯示 CH1+CH2，即 CH1 與 CH2 輸入訊號之和。或也可以顯示 CH1-CH2，即 CH1 與 CH2 輸入訊號之差，欲顯示 CH1-CH2 則按下按鈕 16. CH2 INV，此時螢幕會改顯示 CH1-CH2。
15. GND：示波器本體的接地輸入終端孔。

16. CH2 INV：當啟用此開關時，會使 CH2 的輸入訊號轉為反向。在 ADD 模式下，通道 2 的輸入訊號以及通道 2 的觸發訊號取樣也會轉為反向。
17. CH2 DC BAL：用於調整示波器 CH2 的衰減器平衡程度。
18. CH2 AC-GND-DC：用於選擇 CH2 輸入訊號和垂直訊號放大器之間連接的模式。

    AC：交流耦合。

    GND：垂直訊號放大器的輸入接地，而 CH2 訊號輸入終端孔則未連接。

    DC：直流耦合。
19. CH2 POSITION：控制 CH2 顯示光點或顯示波形的垂直位置。
20. CH2 (Y) input：CH2 垂直訊號輸入的終端孔。若在 X-Y 模式下，則為 Y 軸訊號的輸入終端孔。
21. CH2 VARIABLE：對 CH2 輸入訊號的敏感度進行細微調整，調整值為顯示值的 1/2.5 倍。當處於 CAL 位置時，敏感度校準為顯示值。當拉出此旋鈕（x5 MAG 狀態）時，放大器的敏感度會增加 5 倍。
22. CH2 VOLTS/DIV：CH2 垂直軸的敏感度，可從每格 5 mV 至每格 5 V 共 10 個檔位可供選擇。
23. SOURCE：

    CH 1：當 14. VERT MODE-示波器 CH1 及 CH2 的運作及顯示模式設置為 DUAL 或 ADD 狀態時，選擇 CH 1 作為內部觸發源訊號。

    CH 2：當 14. VERT MODE-示波器 CH1 及 CH2 的運作及顯示模式設置為 DUAL 或 ADD 狀態時，選擇 CH 2 作為內部觸發源訊號。

    LINE：以交流電源線頻率訊號作為觸發訊號。

    EXT：通過 24. EXT TRIG IN 輸入終端孔進入的外部訊號用於外部觸發源訊號。
24. EXT TRIG IN：外部訊號輸入終端孔，用於輸入外部訊號作為觸發訊號。欲使用外部訊號做為觸發訊號時需先將 23. SOURCE 切換為 EXT 模式。
25. TRIGGER MODE：用於選擇要用的觸發模式。

    AUTO：當沒有觸發訊號應用或觸發訊號頻率小於 25 Hz 時，掃描在自由運行模式下運行。

NORM：當沒有觸發訊號應用時，掃描處於準備狀態並且不在螢幕顯示訊號。主要用於觀察頻率大於 25 Hz 的訊號。

TV-V： 當觀察電視訊號的整個垂直圖像時使用此設置。

TV-H： 當觀察電視訊號的整個水平圖像時使用此設置。

（TV-V 和 TV-H 只在同步訊號為負時運作進行同步。）

26. SLOPE：選擇觸發斜率。

"+"：當觸發訊號以正向方向穿過觸發水平時觸發並在螢幕顯示訊號波形。

"-"：當觸發訊號以負向方向穿過觸發水平時觸發並在螢幕顯示訊號波形。

27. TRIG ALT：當 14. VERT MODE-示波器 CH1 及 CH2 的運作及顯示模式設置為 DUAL 或 ADD 狀態時，若 23. SOURCE 選擇 CH 1 或 CH 2，則啟用 27. TRIG.ALT 開關時，會交替選擇 CH 1 和 CH 2 作為內部觸發源訊號。

28. LEVEL：顯示同步的靜態波形並設置波形的起點。

向 "+"：觸發水平在顯示波形上向上移動。

向 "-"：觸發水平在顯示波形上向下移動。

29. TIME/DIV：時間軸即橫軸的時間範圍，可從每格 0.2 μs至每格 0.5 s 共 20 個檔位可供選擇。轉至 X-Y 模式檔位則可使儀器轉換為 X-Y 示波器。

30. SWP. VAR：掃描時間的游標控制。此控制作為校正用，可將掃描時間依據 TIME/DIV 設定的時間校正。TIME/DIV 當游標不在校正位置時，可以連續變化掃描，此時將控制旋轉至箭頭所指方向的最大位置，即可進入校正狀態，則可將掃描時間校準至 TIME/DIV 指示的值。逆時針轉到底可以使掃描時間延長至 2.5 倍以上的時間。

31. ×10 MAG：按下按鈕啟用此功能時，會將輸入訊號強度放大 10 倍。

32. POSITION：控制顯示光點或顯示波形的水平位置。

參考資料

1. 固緯 20MHz 雙通道示波器 GOS-620 使用手冊。

MEMO

MEMO

MEMO

國家圖書館出版品預行編目資料

物理實驗/國立虎尾科技大學物理教學小組編著. --
十三版. -- 新北市：新文京開發出版股份有限
公司, 2024.06
面； 公分

ISBN 978-626-392-021-7（平裝）

1.CST：物理實驗

330.13 113007073

物理實驗（第十三版） （書號：**E338e13**）

編 著 者	國立虎尾科技大學物理教學小組
出 版 者	新文京開發出版股份有限公司
地 址	新北市中和區中山路二段 362 號 9 樓
電 話	(02) 2244-8188（代表號）
F A X	(02) 2244-8189
郵 撥	1958730-2
初 版	西元 2009 年 09 月 01 日
八 版	西元 2018 年 08 月 15 日
九 版	西元 2019 年 08 月 20 日
十 版	西元 2020 年 06 月 01 日
十 一 版	西元 2021 年 08 月 01 日
十 二 版	西元 2023 年 07 月 20 日
十 三 版	西元 2024 年 06 月 15 日

建議售價：345 元

法律顧問：蕭雄淋律師
ISBN 978-626-392-021-7

新文京開發出版股份有限公司

NEW WCDP

新世紀・新視野・新文京 — 精選教科書・考試用書・專業參考書